计算机与信息科学系列规划教材

Oracle 10g 数据库概述

编 著 胡艳丽 郑龙 白亮 邹伟

湖南大学出版社
·长 沙·

内 容 简 介

本书以 Oracle 10g 为基础，主要介绍 Oracle 10g 数据库基础，体系结构及安全管理，空间管理，高级查询、事务、过程及函数；Oracle PL/SQL 编程基础，高级特性；Oracle 备份与恢复，优化技术等。本书适合作为计算机相关专业的培训教材，也可作为计算机爱好者和自学读者的参考资料。

图书在版编目(CIP)数据

Oracle 10g 数据库概述/胡艳丽等编著. —长沙：湖南大学出版社，2020.6

（计算机与信息科学系列规划教材）

ISBN 978-7-5667-1842-6

Ⅰ.①O… Ⅱ①胡… Ⅲ①关系数据库系统—高等学校—教材 Ⅳ.①TP311.138

中国版本图书馆 CIP 数据核字(2019)第 271091 号

Oracle 10g 数据库概述

Oracle 10g SHUJUKU GAISHU

编　　著：胡艳丽　郑龙　白亮　邹伟

责任编辑：张建平　　**责任校对：**尚楠欣

印　　装：广东虎彩云印刷有限公司

开　　本：787 mm×1092 mm　1/16　　**印张：**9.5　　**字数：**226 千

版　　次：2020 年 6 月第 1 版　　**印次：**2020 年 6 月第 1 次印刷

书　　号：ISBN 978-7-5667-1842-6

定　　价：34.00 元

出 版 人：李文邦

出版发行：湖南大学出版社

社　　址：湖南・长沙・岳麓山　　**邮　　编：**410082

电　　话：0731-88822559(发行部)，88820006(编辑室)，88821006(出版部)

传　　真：0731-88649312(发行部)，88822264(总编室)

网　　址：http://www.hnupress.com

电子邮箱：574587@qq.com

计算机与信息科学系列规划教材
编委会

前 言

时光荏苒，一转眼中国互联网已走过了 30 多年的历程。人工智能、云计算、移动支付，这些互联网产物不仅迅速占据了我们的生活，刷新了我们对科技发展的认知，而且也提高了我们的生活质量。人们谈论的话题也离不开这些，例如：人工智能是否会替代人类，成为工作的主要劳动力；数字货币是否会代替纸币流通于市场；虚拟现实体验到底会有多真实多刺激。从这些现象中不难发现，互联网的辐射面在不断扩大，计算机科学与信息技术发展的普适性在不断增强，信息技术全面地融入了我们的生活。

1987 年，我国网络专家钱天白通过拨号方式在国际互联网上发出了中国有史以来第一封电子邮件，“越过长城，走向世界”，从此，我国互联网时代开启。30 多年间，人类社会仍然遵循着万物自然生长规律，但互联网的枝芽却依托人类的智慧于内部结构中迅速生长，并且每一次主流设备、主流技术的迭代速度明显加快。如今，人们的生活是“拇指在手机屏幕方寸间游走的距离，已经超过双脚走过的路程”。

据估计，截至 2017 年 6 月，中国网民规模已达到 7.5 亿人，占全球网民总数的五分之一，而且这个数字还在不断地增加。

然而，面对快速发展的互联网，每一个互联网人亦感到焦虑，感觉它运转的速度已经接近我们追赶的极限。信息时刻在变化，科技不断被刷新，想象力也一直被挑战，面对这些，人们感到不安的同时又对未来的互联网充满期待。

互联网的魅力正在于此，恰如山之两面，一旦跨过山之巅峰，即是不一样的风景。正是这样的挑战让人着迷，并甘愿为之付出努力。而这个行业还有很多伟大的事情值得去琢磨，去付出自己的心血。

本系列丛书作为计算机科学与信息科学中的入门与提高教材，在力争保障学科知识广度的同时，也统筹主流技术的深度，既介绍了计算机学科相关主题的历史，也涵盖国内外最新、最热门课题，充分呈现了计算机科学技术的时效性、前沿性。丛书涉及计算机与信息科学多门课程：Java 程序设计与开发、C# 与 WinForm 程序设计、SQL Server 数据库、Oracle 大型数据库、Spring 框架应用开发、Android 手机 App 开发、JDBC/JSP/Servlet 系统开发等，HTML/CSS 前端数据展示、jQuery 前端框架、JavaScript 页面交互效果实现等，大数据基础与应用、大数据技术概论、R 语言预测、PRESTO 技术内幕等，Photoshop 制作与视觉效果设计、网页 UI 美工设计、移动端 UI 视觉效果设计与运用、CorelDraw 设计与创新等。

本系列丛书适合初学者，当然掌握一些计算机基础知识更有利于本系列丛书的学习。开发人员可从本系列丛书中找到许多不同领域的兴趣点和各种知识点的用法。丛书实例内容选取市场流行的应用项目或产品项目，章后部分练习题模拟了大型软件开发企业的实例项目。

本系列丛书在编写过程中，获得了国家自然科学基金委员会与中国民用航空局联合资助项目（U1733110）、湖南省科学“十三五”规划课题（XJK016BGD009）、湖南省教学改革研究课题（2015001）、湖南省自然科学基金（2017JJ1012）、国家自然科学基金（71371067、61302144）的资助，并得到了国防科技大学、湖南大学、电子科技大学、佛山科学技术学院、长沙学院和深圳华大乐业教育科技有限公司各位老师的大力支持，同时参考了一些相关著作和文献，在此向这些老师和文献作者深表感谢！

作　者

2019 年 5 月

目 次

理论部分

第 1 章　Oracle 10g 数据库基础 ………… 2

1.1　Oracle 10g 数据库的特点 ………… 2

1.2　Oracle 10g 数据库的安装和配置 ………… 3

1.3　Oracle 主要管理工具 ………… 15

1.4　Oracle 的运行环境 ………… 18

第 2 章　Oracle 10g 体系结构及安全管理 ………… 25

2.1　概述 ………… 25

2.2　物理存储结构 ………… 28

2.3　逻辑存储结构 ………… 30

2.4　数据字典 ………… 32

2.5　用户 ………… 34

2.6　权限 ………… 36

第 3 章　Oracle 10g 空间管理 ………… 38

3.1　表空间 ………… 38

3.2　SQL 语言基础 ………… 39

3.3　索引 ………… 41

3.4　视图 ………… 43

3.5　同义词 ………… 44

3.6　序列 ………… 45

第 4 章　Oracle 高级查询、事务、过程及函数 ………… 48

4.1　SQL 函数介绍 ………… 48

4.2　多表查询 ………… 51

4.3　事务处理 ………… 54

4.4 过程和函数 …… 56

第 5 章 Oracle PL/SQL 编程基础 …… 60

5.1 PL/SQL 简介 …… 60

5.2 PL/SQL 程序的基本结构 …… 61

5.3 PL/SQL 控制结构 …… 65

5.4 异常处理 …… 70

5.5 游标 …… 72

第 6 章 Oracle PL/SQL 高级特性 …… 77

6.1 触发器 …… 77

6.2 程序包 …… 83

第 7 章 Oracle 备份与恢复 …… 88

7.1 备份与恢复 …… 88

7.2 用户管理的完全恢复 …… 92

7.3 用户管理的不完全恢复 …… 95

第 8 章 Oracle 优化技术 …… 99

8.1 SQL 语句优化 …… 99

8.2 I/O 操作优化 …… 102

8.3 防止访问冲突 …… 105

上 机 部 分

上机 1 Oracle 10g 数据库基础 …… 110

第一阶段 指导 …… 110

第二阶段 练习 …… 115

上机 2 Oracle 10g 体系结构及安全管理 …… 117

第一阶段 指导 …… 117

第二阶段 练习 …… 119

上机 3 Oracle 10g 空间管理 …… 120

第一阶段 指导 …… 120

第二阶段 练习 …… 121

上机 4　Oracle 高级查询、事务、过程及函数 …… 123
第一阶段　指导 …… 123
第二阶段　练习 …… 124
上机 5　Oracle PL/SQL 编程基础 …… 126
第一阶段　指导 …… 126
第二阶段　练习 …… 128
上机 6　Oracle PL/SQL 高级特性 …… 129
第一阶段　指导 …… 129
第二阶段　练习 …… 131
上机 7　Oracle 备份与恢复 …… 132
第一阶段　指导 …… 132
第二阶段　练习 …… 135
上机 8　Oracle 优化技术 …… 136
第一阶段　指导 …… 136
第二阶段　练习 …… 138
参考文献 …… 140

理　论　部　分

第 1 章 Oracle 10g 数据库基础

学习目标

- 了解 Oracle 数据库的特点
- 了解 Oracle 的安装和配置
- 掌握 Orcale 的查询工具

Oracle 10g 是由 Oracle 公司推出的目前使用最广泛的 Oracle 数据库版本。Oracle 数据库的客户群广泛，包括波音公司、通用电气公司和福特汽车公司等众多大型跨国企业。Oracle 数据库支持跨平台特性，支持 Linux、Unix 和 Windows 等各种主流平台，其应用程序的开发环境除完整支持 J2EE 之外，还支持微软公司的各种程序开发语言，如 C++、C# 等。自从 1987 年以来，Oracle 公司在中国的业务取得了迅猛的发展，赢得了国内许多行业主管部门、应用单位和合作伙伴的信任与支持，确立了在中国数据库和电子商务应用市场的绝对领先优势。本章主要介绍 Oracle 10g 数据库的一些基础知识。

1.1 Oracle 10g 数据库的特点

Oracle 10g 数据库是业界首个为网格计算而设计的数据库。较低的定价使其成为大型企业、中小型企业和部门级的最佳选择。Oracle 10g 的特点如下。

(1)10g 的 g 是网格“grid”的缩写，支持网格计算，即多台结点服务器利用高速网络组成一个虚拟的高性能服务器，在整个网格中负载均衡(load balance)，可按需增删结点，避免单点故障(single point of faliure)。

(2)安装容易，安装工作量比 9i 减少了一半。

(3)新增基于浏览器的企业管理器(enterprise manager)。

(4)自动存储管理(automatic management，ASM)，只要输入一条 Oracle 命令，ASM 会自动管理增加或删除的硬盘。

(5)内存自动化，根据需要自动分配和释放系统内存。

(6)SQL 性能调整自动化。

(7)快速纠正人为错误的闪回(flashback)查询和恢复，可以恢复数据库、表甚至记录。

(8)数据泵(data pump)高速导入、导出数据，比传统方法导出速度快两倍以上，导入速度快 15～45 倍。

(9)精细审计(fine-grained auditing)，记录一切对敏感数据的操作。

(10)存储数据的表空间(tablespace)跨平台复制，极大地提高了数据仓库的加载速度。

(11)流(streams)复制,实现低系统消耗、双向(double-direction)、断点续传(resume from break point)、跨平台(cross platform)、跨数据源的复杂复制。

(12)容灾的数据卫士(data guard)增加了逻辑备份功能,备份数据库日常可运行于只读状态,以充分利用备份数据库。

(13)支持许多新 EE 选件,如加强数据库内部管理的"Database Vault",数据库活动审计的"Audit Vault"等。

总结起来我们可以了解到,Oracle 10g 数据库具有以下一些特性:

- 数据库高可用性。
- 可伸缩性。
- 安全性。
- 可管理性。
- 集成性。

1.2　Oracle 10g 数据库的安装和配置

Oracle 产品的安装曾经是一个复杂的过程,但 Oracle 10g 数据库的安装过程较为简单,安装的速度也有所提高。本节主要讲述与安装和配置管理相关的问题。

1.2.1　安装数据库服务器

在安装 Oracle 10g 数据库之前,必须了解 Oracle 10g 数据库的软硬件需求,以免安装时发生问题。本书采用 Windows XP 作为安装的网络操作系统平台,数据库服务器采用 Oracle 10g Database for Windows 的企业版。

1. Oracle 10g 数据库运行环境和软硬件的需求

为了安装 Oracle 10g 数据库,当前系统的硬件、软件环境至少要满足表 1-1 所示的要求。

表 1-1　安装 Oracle 10g 数据库的基本需求

环境	指　标
物理内存(RAM)	最小 256MB,建议 512MB
虚拟内存	RAM 的 2 倍
临时磁盘空间	100MB
硬盘空间	大约需要 1.5GB 的空间
处理器(CPU)	最低 200MHz

续表

环 境	指 标
操作系统	Windows 2000 Server Windows Server 2003 Windows XP Professionl
网络协议	TCP/IP TCP/IP With SSL Named Pipes

2. 安装注意事项

安装 Oracle 10g 数据库时需要注意以下几个方面：

(1)启动操作系统，以管理员身份登录。

(2)为了加快安装速度，可以先将 Oracle 的安装文件复制到本地硬盘上，再进行安装。

(3)如果系统有任何其他 Oracle 服务启动，应该先将其停止。

(4)如果存在 Oracle_Home 环境变量，需要将其删除。

(5)安装前，记录下数据库服务器的计算机名称、IP 地址，以便在安装客户机过程中，定义网络服务时使用。

(6)在安装过程中，记录下每个步骤、提问及输入数据，尤其是用户名和口令。

(7)安装结束后，不能删除任何文件或表格。

3. 安装 Oracle 10g 数据库

Oracle 10g 数据库使用 Oracle Universal Installer(OUI)工具进行安装。OUI 是基于 Java 引擎所设计的 Oracle 安装工具，它不仅可以用于安装 Oracle 软件，而且还可以用于升级和删除 Oracle 软件。安装不同版本的 Oracle 系统时，其安装窗口略有不同。以下安装的版本是 Oracle Database 10g 10.2.0.1.0，操作系统是 Windows Server 2003。具体安装步骤如下：

(1)在 CD-ROM 中插入 Oracle 10g 数据库安装盘，并启动 OUI 安装界面，单击“下一步”按钮，“选择安装方法”窗口，如图 1-1 所示。这里有基本安装和高级安装两种方法可供选择。基本安装是为初学者提供的安装方法，是使用标准配置选项执行系统安装。选择“高级安装”类型，用户可以自己定制要安装的 Oracle 选项。

(2)单击“高级安装”按钮，再单击“下一步”按钮，启动“选择安装类型”窗口，如图 1-2 所示。

• “企业版”安装类型。专为企业级应用设计的，用于安全性要求较高并且任务至上的联机事务处理和数据仓库环境。

• “标准版”安装类型。专为部门或小型企业应用设计的，用于提供核心的关系数据库管理服务和选项。

• “个人版”安装类型。此安装类型仅安装与企业版和标准版完全兼容的单用户开发和部署环境。个人版不安装 Oracle Real Application Clusters。

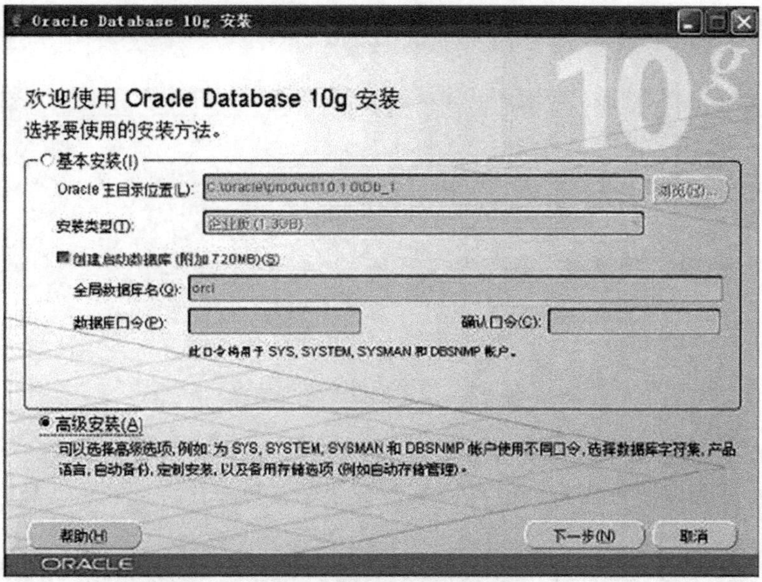

图 1-1　选择安装方法

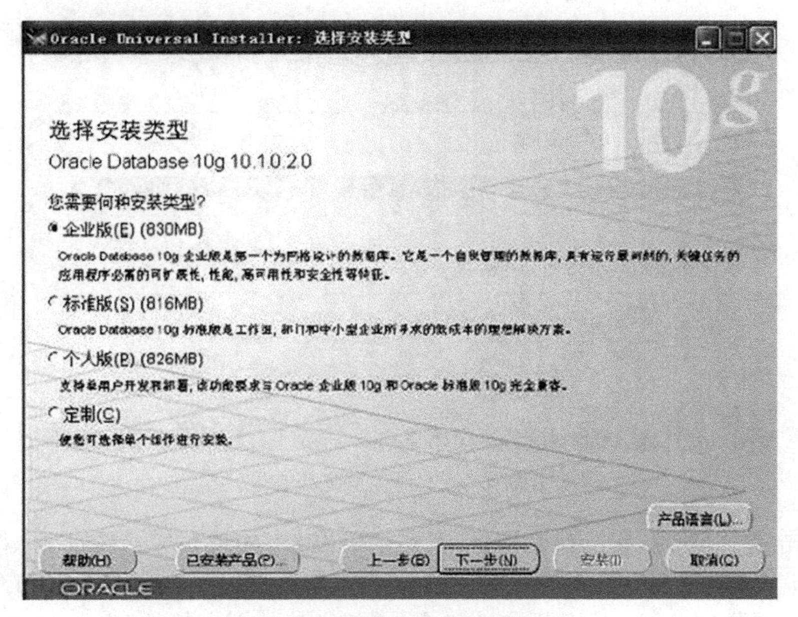

图 1-2　选择安装类型

•“定制”安装类型。此安装类型可以使用户从所有可用组件列表中选择要安装的组件，还可以安装附加的产品组件。如果用户不是经验丰富的 Oracle 数据库管理员(DBA)，那么建议不要选择此安装类型。

(3)单击“企业版”按钮，再单击“下一步”按钮，启动“指定主目录详细信息”窗口。如图 1-3 所示。在该窗口中，可以在“名称”和“路径”文本框中输入或选择所安装产品的名称和安装产品的完整路径。

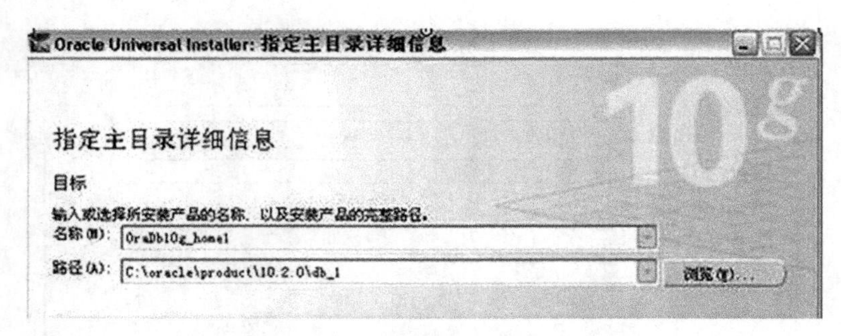

图 1-3　指定主目录详细信息

(4)单击“下一步”按钮，启动“产品特定的先决条件检查”窗口，如图 1-4 所示。在该窗口中显示安装程序验证用户当前环境是否符合安装和配置所选安装产品的最低要求。

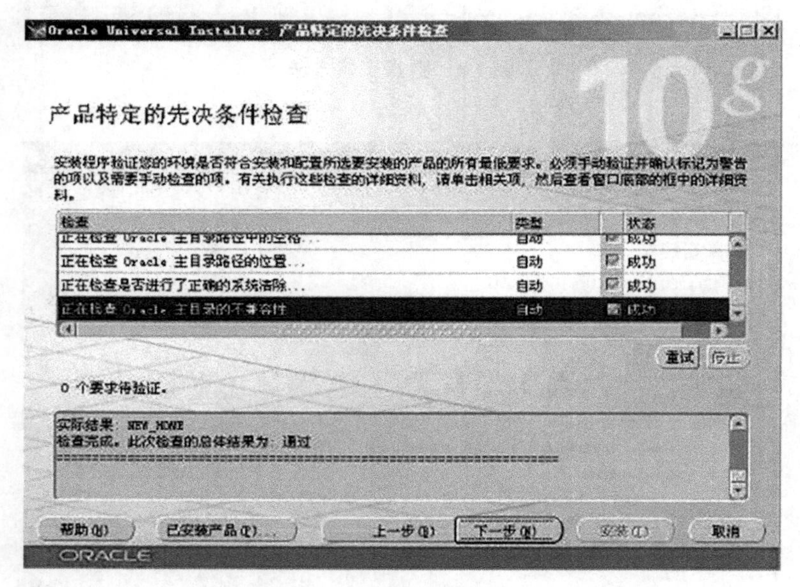

图 1-4　产品特定的先决条件

(5)单击“下一步”按钮，启动“选择配置选项”窗口，如图 1-5 所示。“创建数据库”按钮表示在当前安装过程中创建数据库。“配置自动存储管理”表示使用 ASM 管理数据库文件，这时需要指定 ASM SYS 用户的口令。“仅安装数据库软件”表示只安装数据库必须运行的软件。

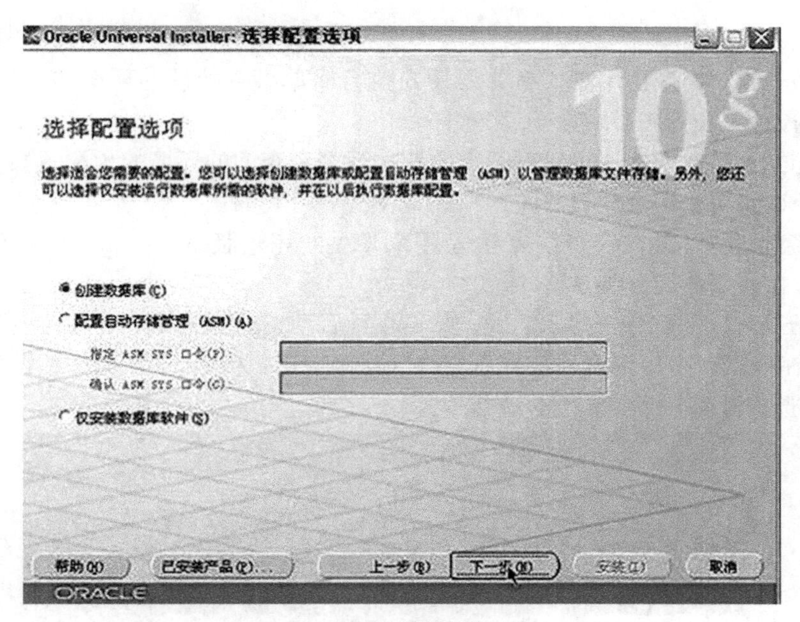

图 1-5　选择配置选项

(6)单击“创建数据库”，再单击“下一步”按钮，启动“选择数据库配置”窗口，如图 1-6 所示，这里有 4 种数据库配置可供选择。

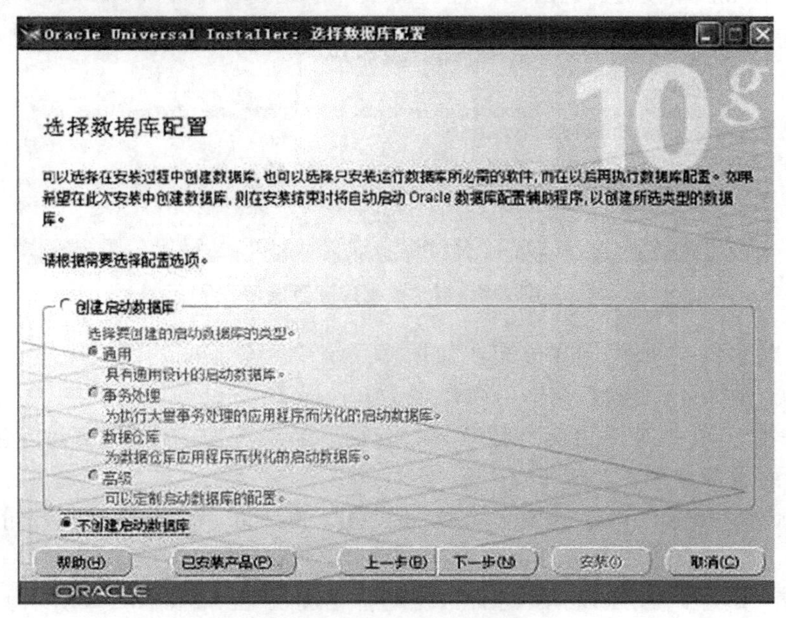

图 1-6　选择数据库配置

• “通用”类型适用于各种用途的预配置数据库(从简单的事务处理到复杂的查询)。主要提供以下两类用途的支持。一是大量用户对数据的快速访问，这是典型的事务处理环境。二是小部分用户长时间对复杂的历史记录数据执行查询，这是典型的决策支持系统。

• “事务处理”类型适用于大量并发用户执行简单事务处理的环境的预配置数据库。常用于商场销售、银行交易或电子商务等。

• “数据仓库”类型适用于针对特定主题执行复杂查询的环境的预配置数据库。数据仓库常用于存储历史记录数据。

• “高级”类型可以在安装结束后运行 DBCA 的完整版本。Oracle 建议经验丰富的管理员才适合使用该配置类型。

(7)单击“一般用途”,再单击“下一步”按钮,启动“指定数据库配置选项”窗口,如图 1-7 所示。在该窗口中指定全局数据库名为“oract”,SID 为“oract”,选择数据库字符集为简体中文,选择创建带样本方案的数据库。

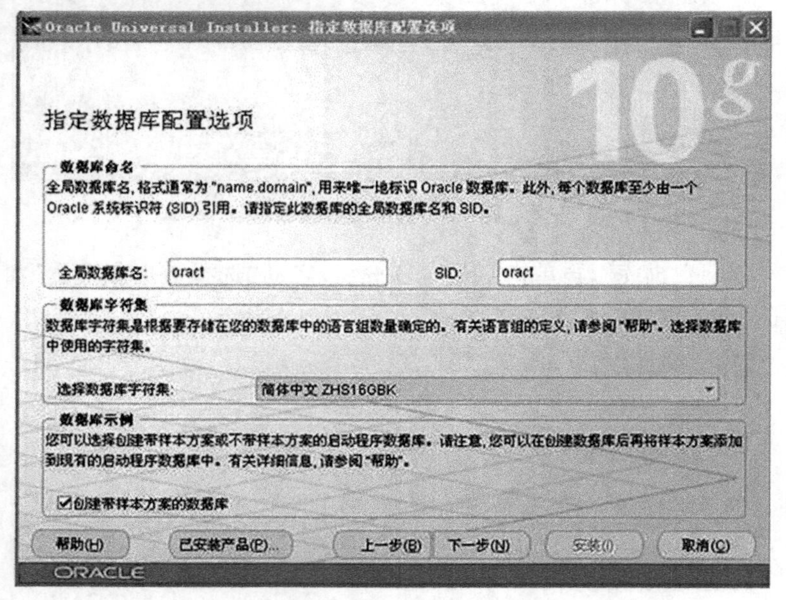

图 1-7 指定数据库配置选项

全局数据库名:主要用于在分布式数据库系统中区分不同的数据库。它由数据库名和域名组成。例如,河北的数据库可以命名为 Oracledb. Hebei. com。注意:不同域名下,即使数据库名相同,数据库也能互相区分。数据库名最长为 8 个字符,只能包括字母、数字、下划线、英镑符号和美元符号。

SID 是 System Identifer 的英文简写,主要用于区分同一台计算机上的同一个数据库的不同实例。全局数据库名是外部区分的名称,SID 是内部区分的名称。

(8)单击“下一步”按钮,启动“选择数据库管理选项”窗口,如图 1-8 所示。

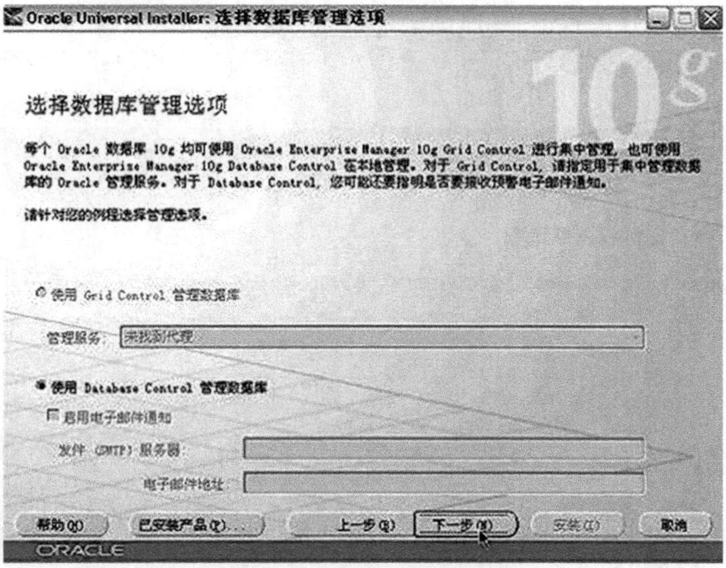

图 1-8　选择数据库管理选项

• Grid Control 提供了集中式界面，用于管理和监视环境内多个主机上的多个目标。

• 目标主要包括 Oracle 数据库、应用程序服务器、Oracle Net 监听程序和主机。Database Control 提供了基于 Web 的界面，可用于管理单个 Oracle 数据库安装。它提供的数据库管理功能与 Grid Control 提供的相同，但是不能管理此系统或其他系统上的其他目标。

（9）选择默认设置，使用 Grid Control 管理数据库，单击“下一步”按钮，启动“指定数据库存储选项”窗口，如图 1-9 所示。

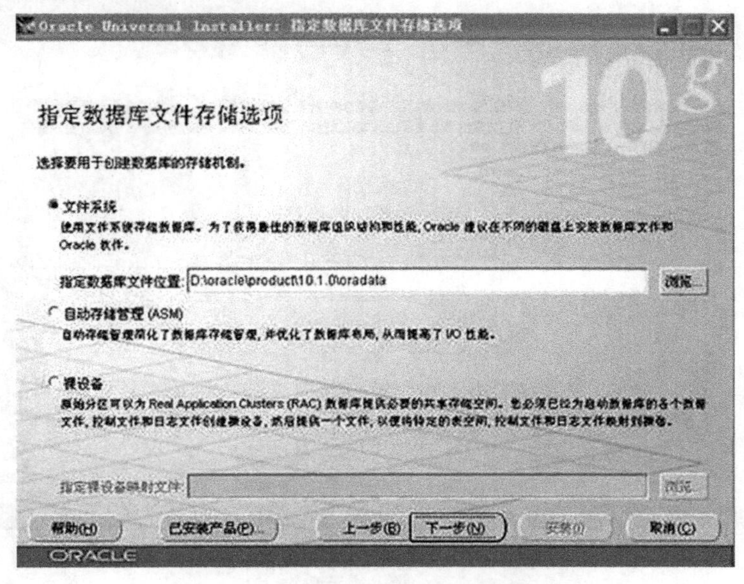

图 1-9　指定数据库文件存储选项

(10)为了获得最佳的数据库组织结构和性能,选择文件系统。单击“下一步”按钮,启动“指定备份和恢复选项”窗口,如图 1-10 所示。在该窗口中可以指定是否为用户启用自动备份功能。

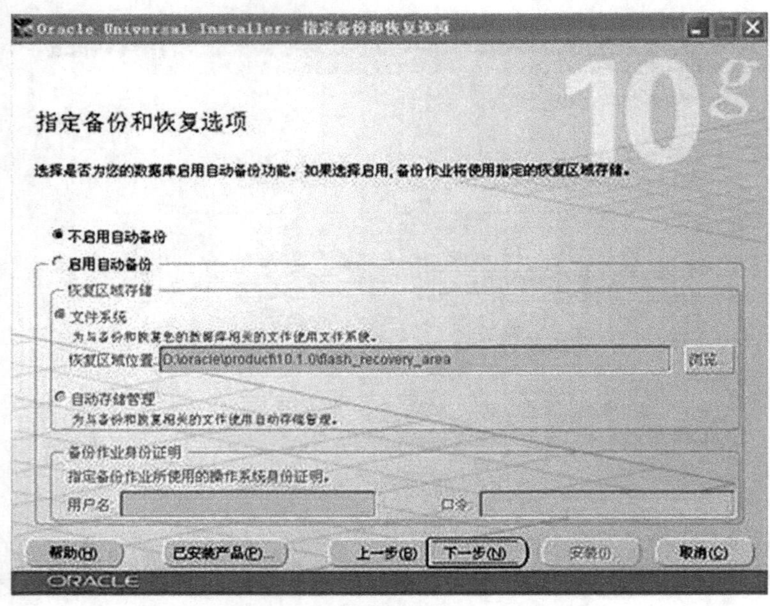

图 1-10　指定备份和恢复选项

(11)选择默认设置,单击“下一步”按钮,启动“指定数据库方案的口令”窗口,如图 1-11 所示。

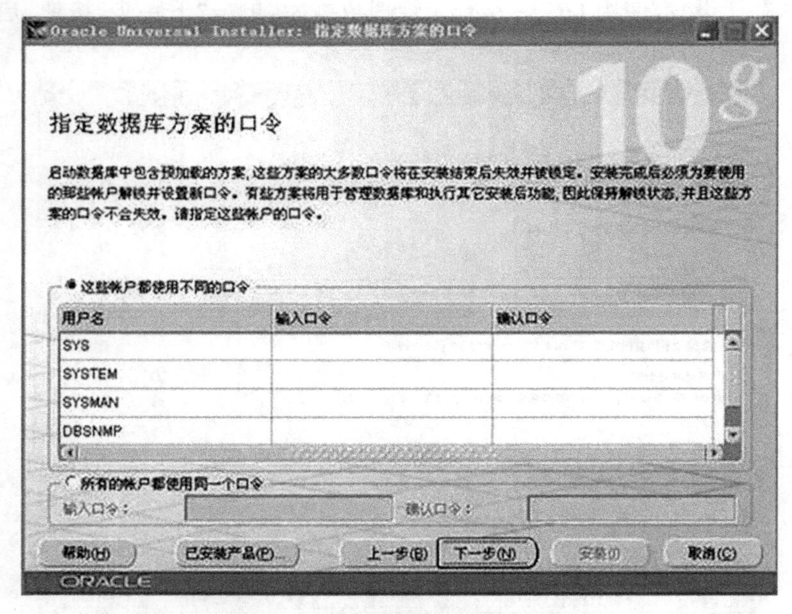

图 1-11　指定数据库方案的口令

(12)选择所有用户使用同一口令,并输入设置的口令。单击“下一步”按钮,启动“概要”窗口,如图 1-12 所示。该窗口中列出了要安装的 Oracle 系统的全局设置、产品语言、空间要求等信息。检查没有问题后,单击“安装”按钮执行安装操作。

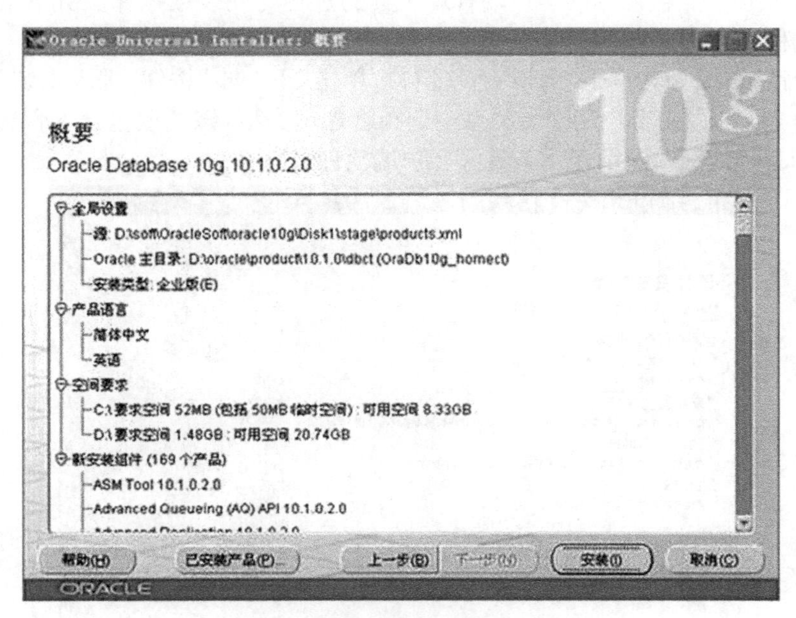

图 1-12　概要

(13)单击“安装”按钮执行安装过程。该安装过程时间较长,安装过程中同时创建数据库,数据库创建完毕后弹出如图 1-13 所示的“安装结束”窗口。系统安装完毕。

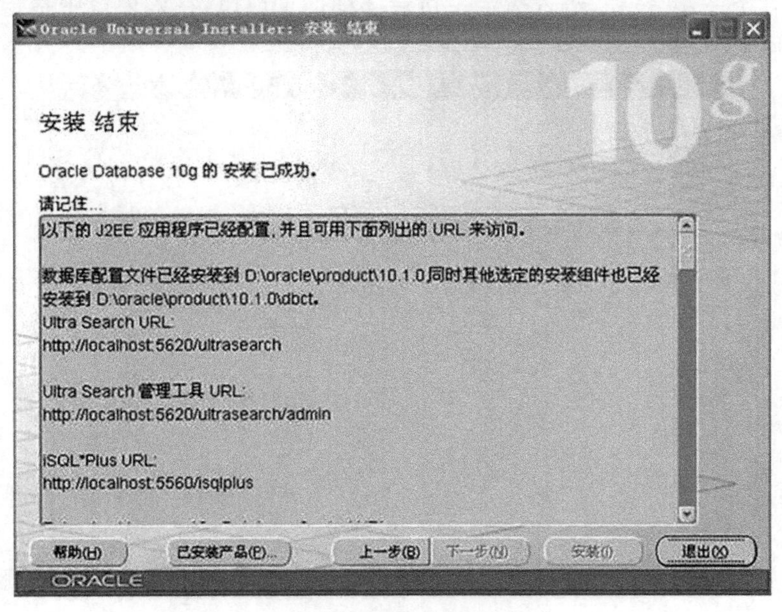

图 1-13　安装结束

1.2.2 客户端安装与配置

1. 客户端安装

安装 Oracle 10g 数据库的客户端管理工具的过程与安装数据库服务器端相似，主要是在安装过程中对 Oracle 网络服务进行配置。安装过程如下：

(1)运行客户端安装程序，出现 OUI 窗口，单击“下一步”按钮，进入安装类型选择窗口，如图 1-14 所示。在客户端安装类型中选择管理员类型，该类型包含了管理控制台、集成管理工具、网络服务、应用开发工具等客户端软件。

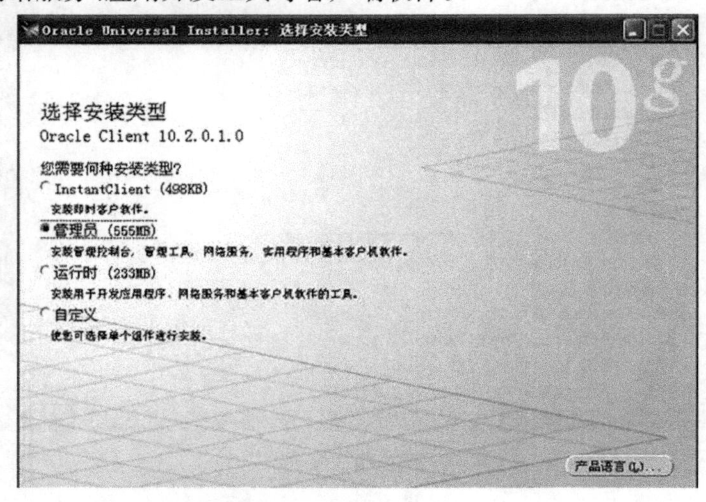

图 1-14 选择安装类型

(2)单击“下一步”按钮，进入指定主目录详细信息窗口，在该窗口中指定安装名称和安装路径，如图 1-15 所示。

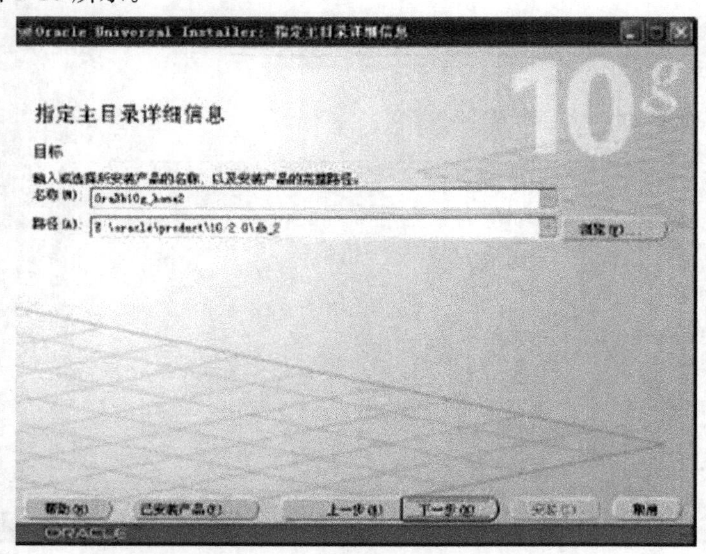

图 1-15 指定主目录详细信息

(3)单击“下一步”按钮，进入产品特定的先决条件检查窗口，如图 1-16 所示。

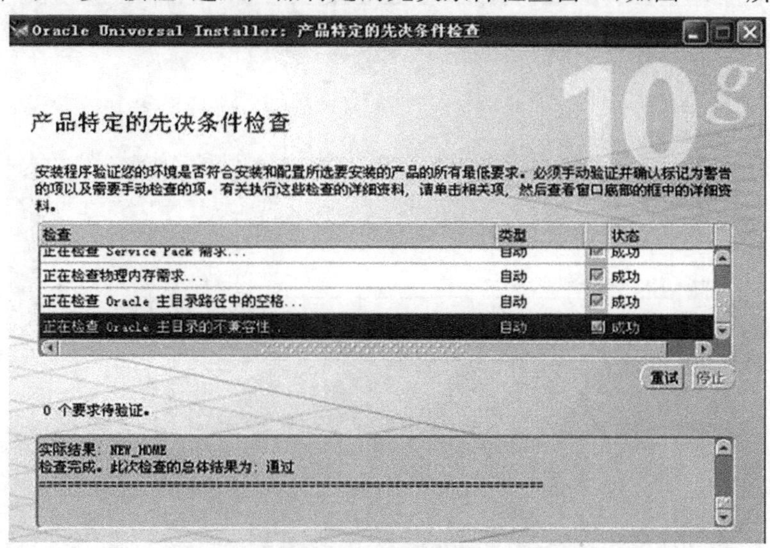

图 1-16　产品特定的先决条件检查

(4)验证通过后，单击“下一步”按钮，进入“概要”窗口，如图 1-17，该窗口列出了产品的安装信息，核对无误后，单击“安装”按钮，开始安装。

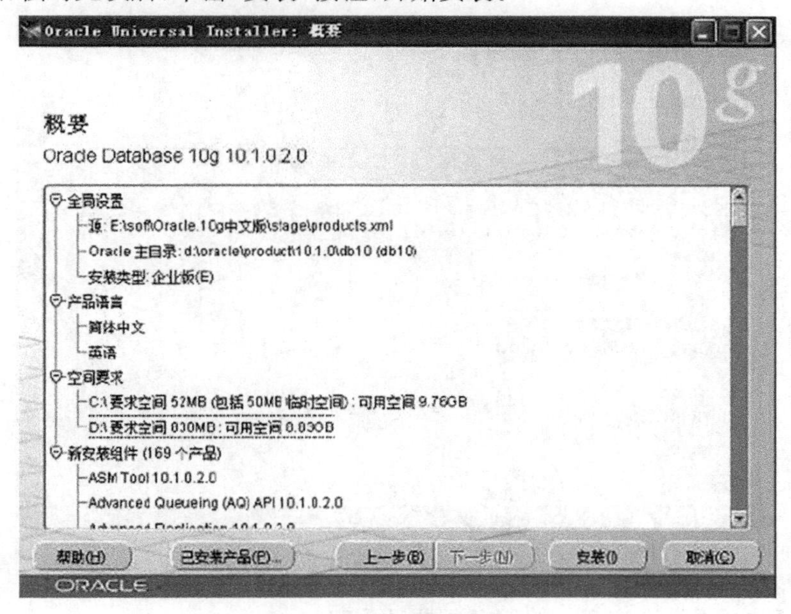

图 1-17　概要

(5)安装过程中会出现如图 1-18 所示的安装界面，在完成安装后，将出现安装结束提示，如图 1-19。

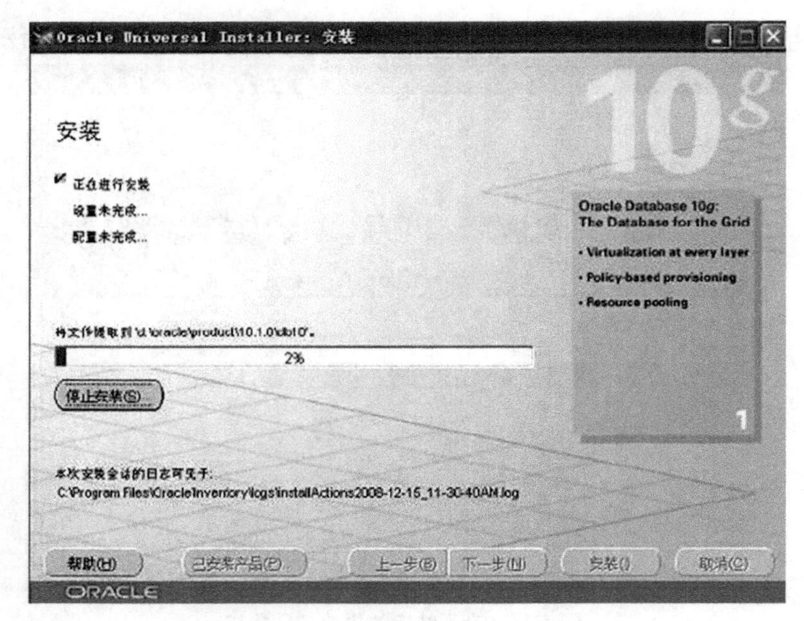

图 1-18　安装

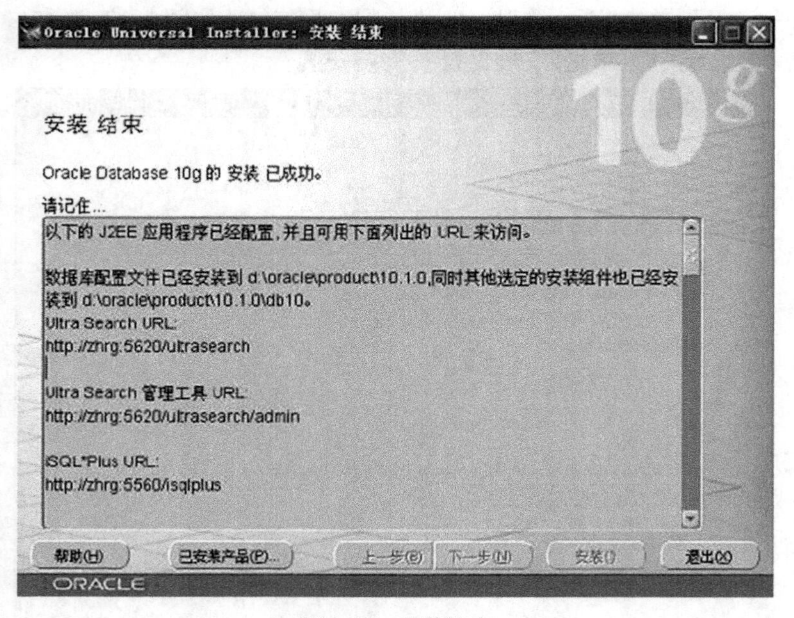

图 1-19　安装结束

安装过程中,系统会启动网络服务配置助手窗口。

(6)单击“下一步”按钮,弹出命名方法选择窗口,在此选择默认的“本地命名”方法。

(7)单击“下一步”按钮,弹出网络服务名窗口,这里要输入的服务名通常指的是全局数据库名。

(8)单击“下一步”按钮,弹出选择连接协议窗口,这里选择 TCP 协议。再单击“下一步”按钮,设置用户要连接的数据库服务器的主机名及使用的端口号,默认端口为 1521。

(9)单击“下一步”按钮,可对网络服务配置进行测试。

(10)测试成功后,单击“下一步”按钮设置网络服务名,网络服务名可以和服务名相同,也可不同,客户端是通过网络服务名连接到 Oracle 数据库的。

(11)单击“下一步”按钮,系统提问用户是否配置另外一个网络服务名,单击“否”按钮,单击“下一步”按钮完成网络服务的配置。再单击“下一步”按钮,返回辅助配置程序窗口,再单击“下一步”按钮,完成客户端程序的安装。

2.客户端测试连接到数据库

客户端程序安装完成后,可使用 SQL * Plus 工具连接到数据库。在“开始菜单”“程序”“Oracle-OracleClient10g_home1”“应用程序开发”中执行 SQL * Plus 命令,弹出登录窗口,在“用户名”和“口令”中输入正确的账户及口令。“主机字符串”即为在安装客户端时配置的网络服务名,在这里输入 Student。单击“确定”按钮,弹出“Oracle SQL * PLUS”窗口。

3.Net 服务配置

为使客户端可以访问 Student 数据库,必须在客户端配置网络服务名。如果在安装过程中没有对网络服务名进行配置,安装完成后可以利用“配置和移植工具”进行网络服务名的配置。

1.3　Oracle 主要管理工具

1.3.1　数据库配置助手

数据库配置助手(database configuration assistant,DBCA)用于创建数据库、配置数据库选项、删除数据库和管理模板。当使用 OUI 安装 Oracle 10g 数据库时,如果没有创建数据库,在安装完成之后可以使用 DBCA 工具创建数据库。在 Windows 平台上运行 DBCA 工具有两种方法,第一种方法是在命令行执行 DBCA 命令;第二种方法是在“开始”“程序”“Oracle”“OraDb10g_home1”“配置和移植工具”中执行 DBCA 命令。通过上述任一方法都可以打开“DBCA”窗口。

1.3.2　Net Manager

当创建 Oracle 数据库之后,为使服务器端可以监听该数据库,必须配置监听程序。为了使客户端可以访问该数据库,必须在客户端配置网络服务名。配置监听程序和网络服务名可以使用网络管理工具 Net Manager 完成。从“开始”“程序”“Oracle”“OraDb10g_home1”“配置和移植工具”“Net Manager”中启动“Net Manager”窗口。

1.配置监听程序

监听程序用于接收客户端的连接请求。当客户访问 Oracle Server 时,监听程序会接收并检查连接请求,以确定是否可以为该客户提供数据服务。在创建 Oracle 数据库之后,为了使客户应用访问特定数据库,必须在监听程序中追加该数据库。一个监听程序可以监听多个 Oracle 数据库,多个监听程序也可以监听同一个 Oracle 数据库。需要注意:监听程序只能用于同一台服务器上的 Oracle 数据库。当安装 Oracle 数据库产品时,会自动建立默认的监听程序 LISTENER。尽管一台服务器可以配置多个监听程序，但多数情况下只需要使用默认监听程序。下面以追加 Student 数据库到默认监听程序 LISTENER 为例，说明配置监听程序的方法。具体步骤如下：

(1)展开监听程序，选择 LISTENER 节点，此时在“Net Manager”窗口右端会显示默认监听位置。

“协议”用于指定监听程序要使用的网络协议(默认协议 TCP/IP)；“主机”用于指定服务器的主机名或 IP 地址；“端口”用于指定监听程序要使用的 TCP 端口号(默认端口 1521)。一般情况下，当在 Windows 平台上安装了 Oracle 10g 数据库之后，因为默认监听位置不存在问题，所以读者不需要对该部分进行任何改动。

(2)在“Net Manager”窗口中选择“监听程序”节点，在窗口右侧“监听位置”下选菜单中选择“数据库服务”节点。

(3)单击“添加数据库”按钮，并进行相应配置。“全局数据库名”用于指定数据库的全局数据库名；“Oracle 主目录”用于指定 Oracle 数据库软件的安装路径；“SID”用于指定数据库例程名。在配置了监听程序之后，保存网络配置信息。

(4)在保存监听程序配置之后，为使网络配置生效，必须重新启动监听程序。

在 Windows 平台上，可以通过服务管理器重新启动监听程序。在服务管理器中选中服务 OraOracleOraDb10g_home1TNSListener，然后单击右键，选择重新启动命令。

2.配置网络服务名

为使客户应用可以访问 Oracle 数据库，不仅需要在服务器端配置监听程序，还必须在客户端配置网络服务名，并且应用程序需要通过网络服务名访问 Oracle 数据库。下面以配置网络服务名 Student 为例，说明配置网络服务名的具体步骤。

(1)在启动 Net Manager 之后，选中“服务命名”，然后单击“下一步”按钮，此时会显示“Net 服务名”界面，该界面用于指定网络服务名。当指定网络服务名时，可以指定任何名称。但为了便于确定网络服务名所连接到的数据库，建议读者使用数据库名作为网络服务名。

(2)在设置网络服务名 Student 之后，单击“下一步”按钮，此时会显示“协议”窗口，该窗口用于指定访问数据库要使用的网络协议。需要注意，当选择网络协议时，该网络协议必须与监听程序的网络协议保持一致。

(3)在选择网络协议 TCP/IP 之后，单击“下一步”按钮，此时会显示“协议设置”界面，该界面用于指定针对特定网络协议需要进行的网络配置。例如，如果使用 TCP/IP 网络协议，那么必须指定数据库所在主机名及其监听端口号。

(4)在设置主机名和端口号之后，单击“下一步”按钮，此时会显示“服务”界面，该界面用于指定监听程序所配置的全局数据库名或者 SID。

(5)在设置服务名之后，单击“下一步”按钮，此时会显示“测试”界面，该界面用于测试网络服务名配置。

(6)单击“测试”按钮，此时会显示“连接测试”窗口，并以 SYSTEM 用户检测连接是否成功。如果测试成功，则表示网络服务名配置正确。

(7)在完成网络服务名配置之后，保存网络配置信息。

1.3.3　管理 Oracle 服务

当启动 Windows 操作系统时，一些 Oracle 服务会随之启动。如果 Oracle 服务没有随之启动，则需要手工启动。Oracle 服务启动之后会占用大量的内存，如果服务器的内存配置不充足，就会降低服务器的运行速度，可以在不需要 Oracle 服务时，手工关闭 Oracle 服务。

1.Oracle 服务

以管理员身份登录操作系统，选择“控制面板”“管理工具”“服务”命令，在“服务”窗口中显示了操作系统中的所有服务。

其中，“名称”列显示的是服务的名称；“状态”列显示的是服务当前状态；“启动类型”列显示的是服务的启动方式，如果为“自动”方式，服务将在系统启动时随之启动，如果为“手动”方式，则系统启动后还需手工启动服务。启动和关闭 Oracle 数据库的服务如表 1-2 所示。

表 1-2　Oracle 数据库服务

服务名称	说　明
OracleDBconsole	对应 OEM
OracleOraDb10g_homel iSQL*Plus	对应 iSQL*Plus
OracleOraDb10g_homel TNSListener	对应数据库监听程序
OracleService	对应数据库例程

这几个服务之间的关系是：

• 首先启动 OracleOraDb10g_home1 TNSListener 服务，然后启动其他服务。

• 如果不启动 OracleOraDb10g_home1 TNSListener 服务，则不能使用 OEM 和 iSQL * Plus，但是可以使用 SQL * Plus。

• 必须先启动 OracleService 服务，然后启动 OracleDBconsole 服务，应为 OracleDBconsole 依赖于 OracleService 服务。

• 如果不启动 OracleOraDb10g_home1 iSQL * Plus，则不能使用 iSQL * Plus。

2.服务管理

如果启动了 OracleOraDb10g_home1 TNSListener、OracleService 和 OracleDBconsole 服务，则对应的数据库就处于启动状态，否则数据库处于关闭状态。双击对应服务或右键单击对应服务，选择属性命令，则打开服务的属性窗口。在该窗口中单击启动按钮则启动对应服务，单击停止按钮则停止对应服务。此外，还可以更改服务的启动类型为“自动”或“手动”。

1.4 Oracle 的运行环境

1.4.1 Oracle 企业管理器

当安装 Oracle 10g 数据库产品时，OUI 也会安装基于 Web 页面的数据库管理工具——Oracle Enterprise Manager Database Control，即 Oracle 企业管理器(oracle enterprise manager，OEM)。该工具是 Oracle 10g 数据库新增加的管理工具，DBA 可以使用该工具执行各种管理任务。

1.启动 OEM 控制台的 DBConsole 服务

要在客户机浏览器上使用 OEM，就必须先在服务器上运行 DBConsole 服务。安装 Oracle 10g 之后，该服务被设置成“自动”启动方式。

2.登录到 OEM 控制工具

启动浏览器，并在地址栏中输入如下 URL 地址：http://hostname: port/em。其中 hostname 为 Oracle Server 所在的计算机名，port 为 OEM 控制工具监听端口号。在输入了正确的 URL 地址(例如：http:// pc-200805221504: 1158/em)之后，就会启动 OEM Console，并弹出登录页面，如图 1-20 所示。

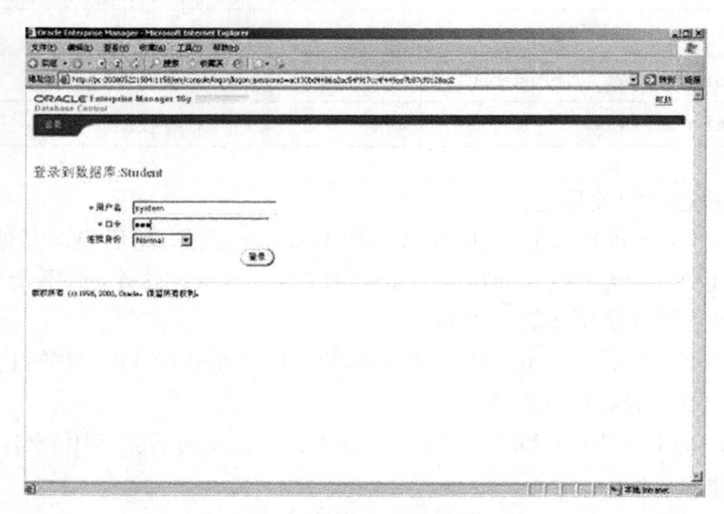

图 1-20 OEM 登录页面

在登录页面中，输入正确的用户名、口令，并选择相应的连接身份(NORMAL、SYSOPER 或 SYSDBA)之后，单击“登录”按钮，登录到 Student 数据库。注意：只有数据库管理员才具有管理数据库的权限，数据库管理员用户有 SYSTEM、SYS、SYSMAN 等。

3.OEM 页面功能

OEM 对数据库的各种操作都进行了归类，并放置在“主目录”“性能”“管理”和“维护”4 个属性页面中，下面分别对各个属性页面的功能进行介绍。

SYSTEM 用户登录到数据库之后，再单击“同意”按钮，会弹出数据库属性页面。

(1)“主目录”属性页。通过显示一系列描述数据库整体运行状况的度量来查看数据库的当前状态，并为数据库状态和数据库环境的管理及配置提供了一个起点。主要包括“一般信息”“主机 CPU”“活动会话数”“高可用性”“ 空间概要”“诊断概要”等几个部分，如图 1-21 所示。

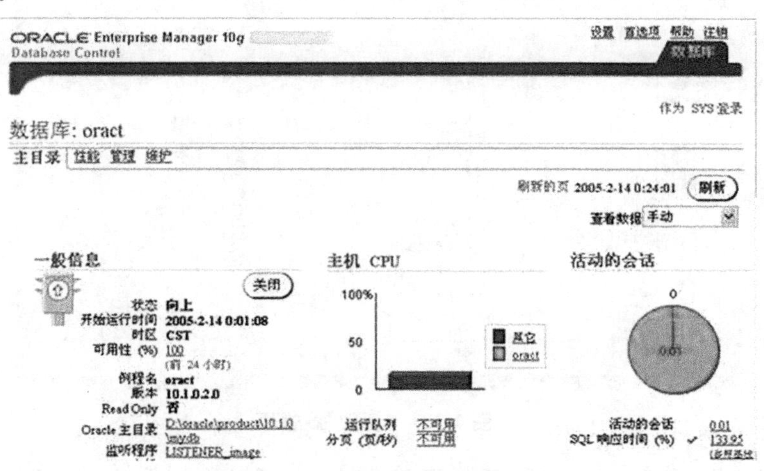

图 1-21　“主目录”属性页

(2)“性能”属性页。主要功能是监视 Oracle 10g 数据库服务器的运行状况，实时掌握其各种运行参数，并根据存在的问题采取相应措施对其进行优化，以进一步保证系统的正常运行和提高效率。主要包括“主机”“平均活动会话数”“实例吞吐量”和“其他监视链接”等几个部分，如图 1-22 所示。

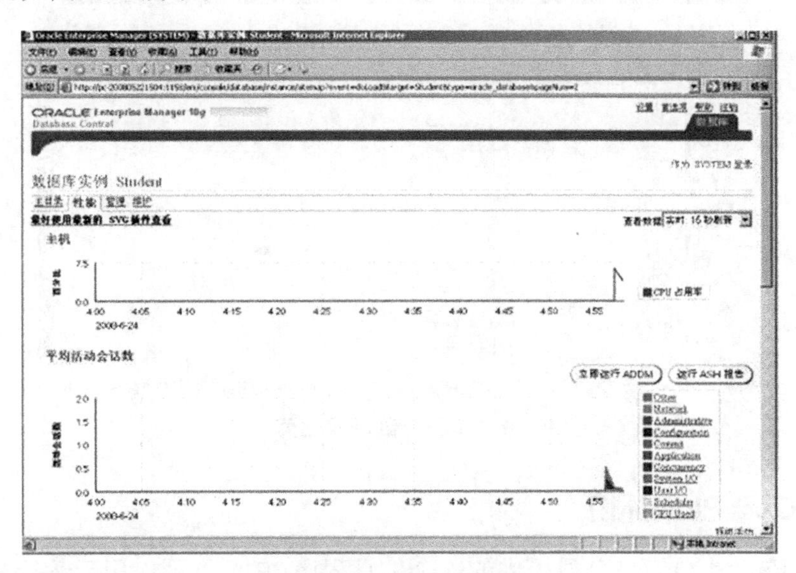

图 1-22　“性能”属性页

(3)“管理”属性页面。通过该页面的配置和调整，可以维持并提高数据库性能，还可以完成大部分数据库日常管理工作。主要包括“数据库管理”“方案”“Enterprise Manager 管理”等几个部分，如图 1-23 所示。

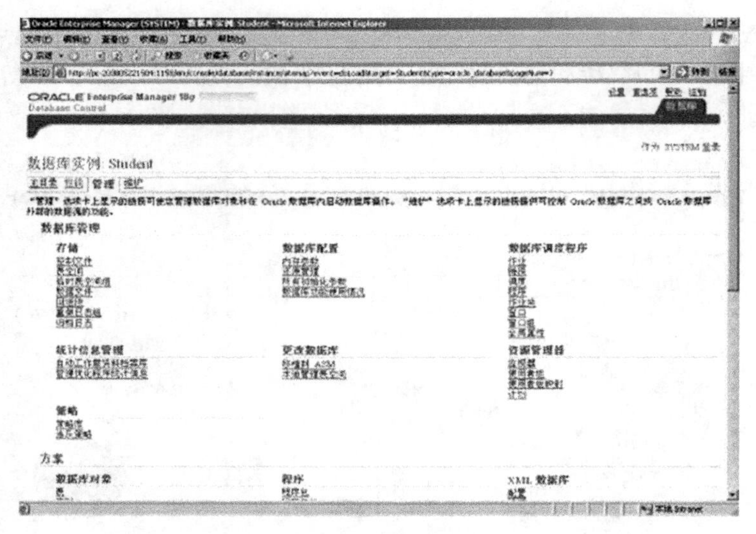

图 1-23 “管理”属性页

(4)“维护”属性页。在此可以将数据导出到文件或从文件中导入数据,将数据从文件加载到 Oracle 数据库中,收集、估计和删除统计信息,同时提高对数据库对象进行 SQL 查询的性能。主要包括“高可用性”“数据移动”“软件部署”等几个部分,如图 1-24 所示。

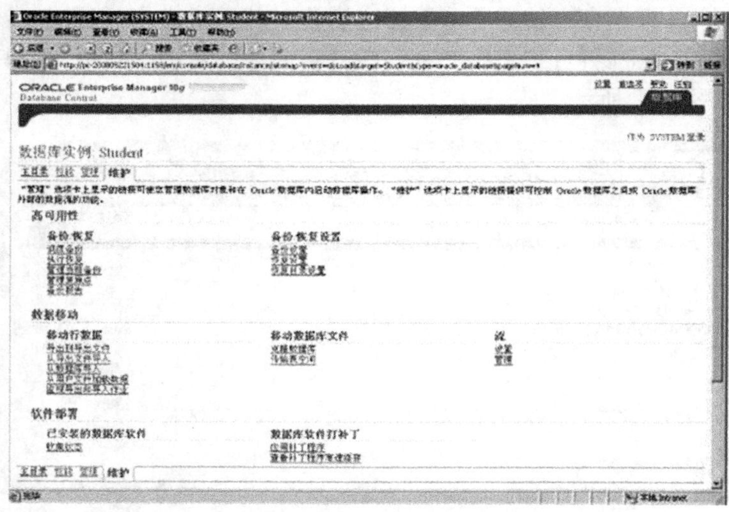

图 1-24 “维护”属性页

1.4.2 SQL * Plus 环境

SQL * Plus 是 Oracle 公司提供的一个工具程序,它不仅可以用于运行和调试 SQL 语句、SQL * Plus 语句、PL/SQL 程序块,而且还可以用于管理 Oracle 数据库。该工具不仅可以在命令行运行,也可以在 Windows 窗口环境中运行。

1.启动 SQL * Plus

在 Oracle 10g 数据库中,可以使用两种方式启动 SQL * Plus:命令行方式或 GUI

方式。

(1)从命令行中启动 SQL＊Plus,可以在 DOS 界面下直接输入 sqlplus 命令,系统将打开一个 SQL ＊ Plus 会话,提示用户输入用户名和口令,这里输入的用户名是 SYSTEM。为了保密起见,输入的口令并不显示。当出现 SQL 提示符时,表示 SQL ＊ Plus 已经启动成功。

(2) 使用 GUI 工具启动 SQL ＊ Plus。在 Windows 的开始菜单中,选择"程序""Oracle""应用程序开发""SQL＊Plus 命令",打开"Oracle SQL＊Plus"窗口,并且弹出一个"登录"窗口。

输入正确的用户名和口令之后,单击"确定"按钮,就可以连接到本地数据库了。如果要连接到远程数据库,还必须在"主机字符串"处输入网络服务名。当连接到 SQL＊Plus 之后,会显示当中的窗口界面。

在提示符"SQL>"下可以执行各种 SQL 命令和 SQL＊Plus 命令。注意,SQL 命令可以直接访问数据库,SQL＊Plus 命令不能访问数据库;SQL 命令不能缩写,而 SQL＊Plus 命令可以缩写;另外,当执行 SQL 命令时,Oracle 会将 SQL 命令暂时存放到 SQL 缓冲区,而 SQL＊Plus 命令不能存放到 SQL 缓冲区。

2.获取 SQL＊Plus 的帮助

为了获取 SQL＊Plus 命令的帮助,只需要在 SQL＊Plus 的命令提示符下,输入 HELP 和命令名称,按回车键即可。例如:在 SQL>提示符下,输入 HELP LIST,按回车键,即显示 LIST 命令的帮助信息。

3.退出 SQL＊Plus

要退出 SQL＊Plus,可在 SQL>后输入 EXIT 或 QUIT 命令,再按回车键即可。作为一种好习惯,在退出 SQL＊Plus 之前,应使用 COMMIT 命令提交事务。有关事务的概念及应用参见后面章节。

4.SQL＊Plus 运行环境

SQL＊Plus 运行环境是 SQL＊Plus 的运行方式和查询执行结果显示方式的总称。设置 SQL＊Plus 运行环境,可以使 SQL＊Plus 更能按照用户的要求运行和执行各种操作。

在 Oracle SQL＊Plus 窗口中,选择"选项""环境"命令,在弹出的窗口中可以再设置 SQL＊Plus 的运行环境。

其中,"屏幕缓冲区"指的是屏幕内存,用于控制可以保存在屏幕上的数据量。在"设定选项"区域中,列出了 58 个用户可以控制的选项,通过选择不同选项可以对 SQL＊Plus 运行环境进行相应的设置。这些选项的默认值显示在"值"区域中,根据需要可以改变这些选项的值。

1.4.3　SQL＊Plus 命令

SQL＊Plus 环境下可以运行三种类型的命令(命令的大小写无关,通常用空格键或 Tab 键分割命令中的单词):

• SQL 语句:用于操作数据库中的信息。

• PL/SQL 程序块:用于操作数据库中的信息。

• SQL * Plus 命令:用于编辑、保存、运行 SQL 命令及 PL/SQL 块,格式化查询结果,自定义 SQL * Plus 环境等。

前两种命令可以访问数据库,而 SQL * Plus 命令则不能。当执行前两种命令时,会将命令暂时放到 SQL 缓冲区中,而 SQL * Plus 命令不能放在 SQL 缓冲区中。下面介绍几个常用的 SQL * Plus 命令。

• CONN[ECT]命令:用于断开前一个连接,然后建立新的连接。

该命令用法有两种:CONN[ECT] 或 CONN[ECT] [username]/[password]@[hoststring]。其中,username 为用户名,password 为用户密码;hoststring 为主机字符串。

直接执行 CONN 命令,会提示输入用户名、密码,然后建立新会话。

注意:当以特权用户身份连接时,必须带有 AS SYSDBA 或 AS SYSOPER 选项。

• DISC[ONNECT]命令:用于断开已经存在的数据库连接,如果断开连接后再访问数据库,会提示未连接。

• LIST 命令:用于列出 SQL 缓冲区的内容。

• DEL 命令:用于删除缓冲区的内容。

• ED[IT]命令:用于编辑缓冲区的内容。执行该命令会自动启动"记事本",以编辑 SQL 缓冲区的内容。编辑完成后,单击"保存"按钮,编辑内容将放到 SQL 缓冲区。

• RUN 和"/"命令:这两个命令用于运行 SQL 缓冲区的命令或程序。当执行"/"命令时,会直接运行 SQL 缓冲区中的 SQL 语句;当执行 RUN 命令时,会列出 SQL 缓冲区命令或程序,并运行这些命令或程序。

• SAVE 命令:用于将 SQL 缓冲区的内容保存到 SQL 脚本。

• GET 命令:用于将 SQL 脚本的内容装载到 SQL 缓冲区。

• SHOW 命令:用于显示当前 SQL * Plus 的环境变量的值。例如:如果要显示所有变量的值,执行 SHOW ALL 命令。

如果要显示变量 ARRAYSIZE 和 AUTOCOMMIT 的值,执行 SHOW ARRAYSIZE AUTOCOMMIT 命令;显示当前用户的名称,执行 SHOW USER 命令;在运行程序时,如果提示错误,可以通过 SHOW ERROR 命令显示详细的错误信息。

• SET 命令:用于设置和修改环境变量的值。

• DESC 命令:用于查看表结构。

• CLEAR SCREEN 命令:用于清理显示器屏幕,执行该命令后,屏幕信息将被清除。

1.4.4 iSQL * Plus 环境

iSQL * Plus 是 SQL * Plus 在浏览器中的实现方式。在 Oracle 10g 数据库中,为了在浏览器中运行 iSQL * Plus,必须首先在服务器端启动 iSQL * Plus 应用服务器。在 Windows 平台上启动 iSQL * Plus 应用服务器有两种方法,第一种方法是在服务管理器中启动服务 OracleOraDb10g_home1iSQL * Plus,第二种方法是在命令行执行命令 isqlplusctl start。

在启动 iSQL * Plus 应用服务器之后，客户端就可以通过浏览器运行 iSQL * Plus 了。当在客户端运行 iSQL * Plus 时，首先启动浏览器，然后在地址栏中输入 URL 地址(格式为 http://hostanme:port/isqlplus)，其中 hostname 用于指定 Oracle 数据库所在机器名或 IP 地址，port 用于指定 iSQL * Plus 的监听端口号(默认为 5560)。当在地址栏中输入正确的 URL 地址之后，会显示 iSQL * Plus 登录界面，如图 1-25 所示。

图 1-25　登录 iSQL * Plus 页面

在"用户名"和"口令"框中输入正确的用户名和口令，在"连接标识符"框中输入要登录的数据库信息后，单击"登录"按钮就可以连接到数据库了。在连接到数据库之后，会显示如图 1-26 所示的工作区界面。

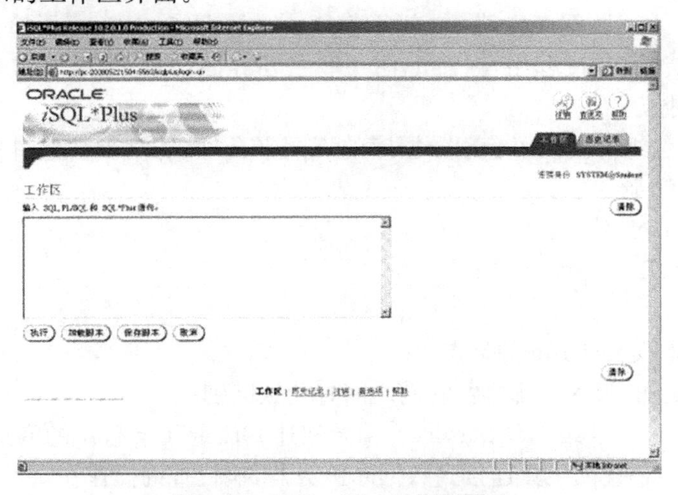

图 1-26　iSQL * Plus 工作区界面

在工作区中输入 SQL * Plus 命令、SQL 语句或者 PL/SQL 程序块，然后单击“执行”按钮，会执行语句并显示输出结果；单击“加载脚本”按钮，可以加载 SQL 脚本到 SQL 缓冲区；单击“保存脚本”按钮，可以将 SQL 缓冲区内容保存到 SQL 脚本。如图 1-27 所示。

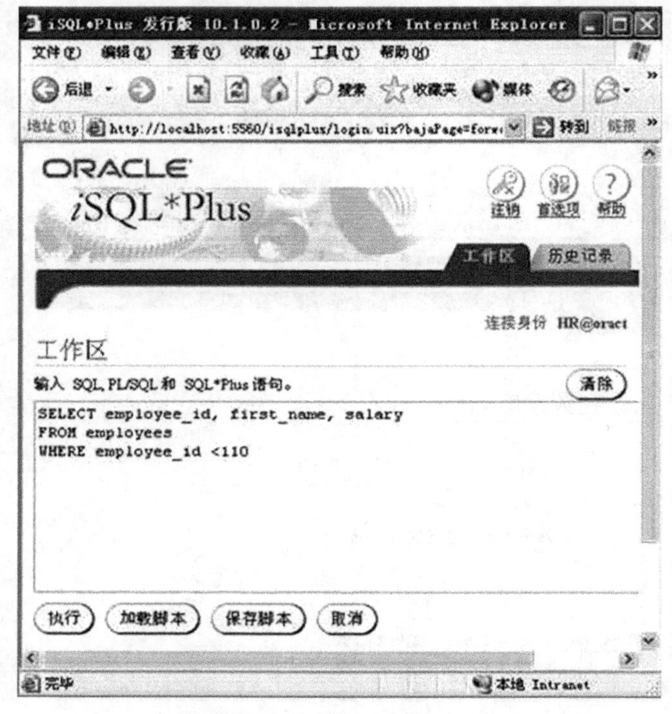

图 1-27 “执行 SQL * Plus 命令”窗口

小 结

安装 Oracle 10g 数据库之前，应该清楚 Oracle 的系统结构，还要检查安装的环境是否符合安装要求。安装过程中，注意记住一些主要界面信息，安装完成后要试运行各组件，以确认安装成功。

Oracle 10g 各组件提供了管理数据库的不同平台，熟练掌握各组件的应用方法是学习数据库管理的基础。

作 业

1. 简要叙述 Oracle 10g 的特点。
2. Oracle 10g 的版本有哪些？它们之间有什么区别？
3. 什么是 Oracle 10g Net Service？简要叙述 Oracle 10g Net 的客户端配置过程。
4. 使用 Oracle 查询工具连接到数据库服务器，执行查询操作。

第 2 章　Oracle 10g 体系结构及安全管理

学习目标

- 了解 Oracle 数据库物理结构
- 理解 Oracle 数据库逻辑结构
- 掌握 Oracle 数据库的安全管理

Oracle 10g 数据库是一种具有网格计算框架的数据库系统，在完整性、安全性、可靠性、可管理性、可扩展性及可用性等方面具有领先地位。从早期的 Oracle 8、Oracle 8i 和 Oracle 9i 到现在 Oracle 10g 版本，Oracle 数据库不断地丰富发展，成为当前大型关系数据库的典范，同时也成为一个庞大的系统软件。Oracle 体系结构涉及的内容广泛，又是数据库的核心知识，充分反映了系统的特点和原理。所以，掌握 Oracle 数据库要从认识体系结构开始。

2.1　概述

1. 几个重要的 Oracle 术语

要学习 Oracle 的体系结构，先要搞明白几个重要的术语：Oracle 服务器、Oracle 实例、Oracle 数据库。

（1）Oracle 服务器。即 Oracle Server，由 Oracle 实例和 Oracle 数据库组成。

（2）Oracle 实例。即 Oracle Instance，是在 Oracle 启动的第一个阶段，根据参数文件，由生成的一系列的后台进程和一块共享内存的系统全局区（system global area，SGA）共同组成。

（3）Oracle 数据库。即 Oracle Database，是由 Oracle 所有的物理文件所组成。其中最关键的有：控制文件、数据文件、redo log 文件等。

Oracle 实例与 Oracle 数据库进行交互，Oracle 实例对数据库进行各种操作，从而对外提供数据库的存储和检索服务。

2. Oracle 总体结构

Oracle Server 由 Oracle Instance 和 Oracle Database 组成。数据库结构如图 2-1 所示，而 Oracle Instance 又由后台进程和共享内存组成，所以 Oracle 的结构包含内存结构和进程结构；而 Oracle Database 由物理文件组成，所以 Oracle 结构也包含存储结构。

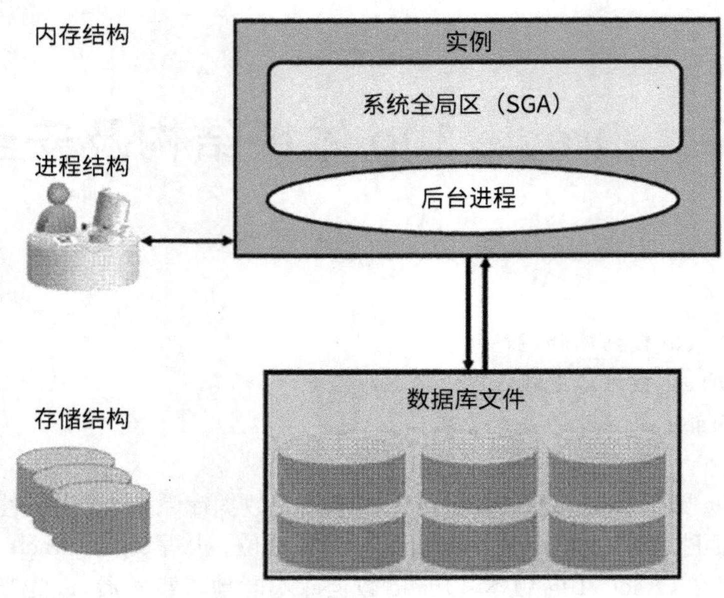

图 2-1　数据库结构

下面分别对 Oracle 内存结构、Oracle 进程结构、Oracle 存储结构进行概述，让我们对 Oracle 有一个初步的概念。

3. Oracle 内存结构

总体而言 Oracle 的内存由两大部分组成：PGA（project of global access）和 SGA，其结构如图 2-2 所示。

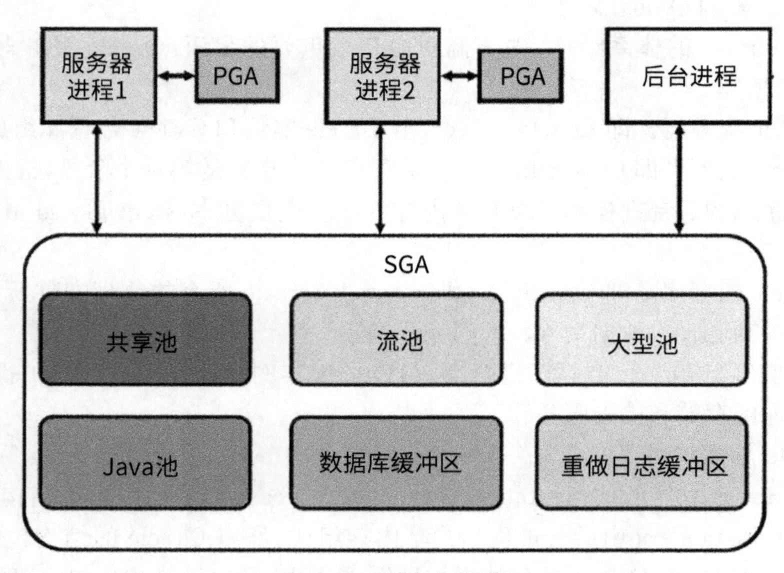

图 2-2　Oracle 内存结构

不管是 server process，还是后台进程，它们都有自己进程私有的内存空间，即 PGA；

而 SGA 则为后台进程所共享。

给 server process 分配的 PGA，根据其功能又划分为几个具体的部分。

SGA 在 Oracle 10g 中分为 6 个部分，下面分别介绍其作用：

(1)shared pool(共享池)。主要作用是提高 SQL 语句以及 PL/SQL 语句的执行效率，缓存执行过的 SQL 语句，执行计划。

(2)database buffer cache(数据库缓冲区)。主要作用是缓存曾经读取过的数据块，Oracle 数据库中对数据的所有修改操作都是在 database buffer cache 中进行的。因为所有的操作都必须先将物理文件上的数据块读取到 database buffer cache 中，然后才能进行各种操作。database buffer cache 是 SGA 中最大的内存区域，也是 SGA 中最重要的部分之一。

(3)redo log buffer(重做日志缓冲区)。缓存生成的 redo log 记录，日志写后台进程会将 log buffer 中的记录写到磁盘中。也是 SGA 中最重要的部分之一。

(4)large pool(大型池)。可选的内存池，其主要作用是分担 shared pool 的压力。某些情况，比如备份恢复，如果没有分配 large pool，则会从 shared pool 中分配内存，这会增加 shared pool 的负担。

(5)Java pool(Java 池)。用于 Java 程序使用。

(6)stream pool(流池)。数据库在流工作时使用的内存区域。

4. Oracle 进程结构

Oracle 的进程主要有后台进程和服务器进程——server process(其实按照 Linux 的严格意义来说，server process 也属于后台进程)。后台进程主要对 Oracle 数据库进程各种维护和操作，而 server process 主要来处理用户的请求。Oracle 的进程结构见图 2-3。

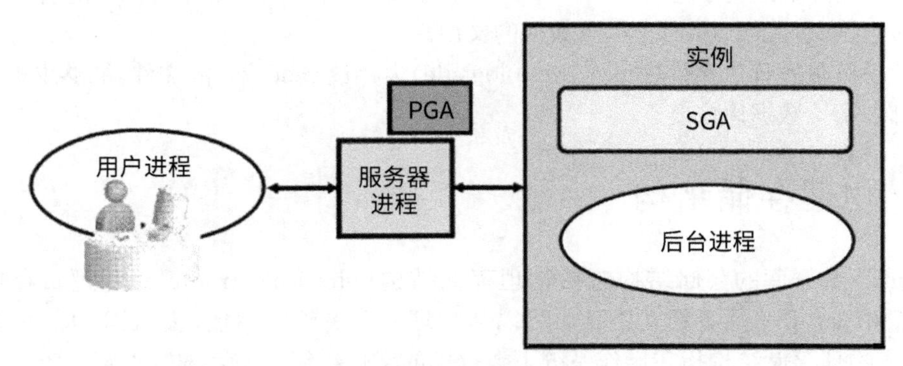

图 2-3　进程结构

用户进程通过监听器来访问 Oracle Instacne，那么就会触发生成一个 server process 进程，来对该用户进程的请求进行处理。后台进程一般有 LGWR(log writer，日志写)、DBWn(database writer 数据库写)、CKPT(checkpoint，检查点进程)、SMON(system monitor，系统监控进程)、PMON(process monitor，进程监控)等。

(1)DBWn 主要作用是将被修改过的 buffer cache 按照一定的条件写入物理磁盘。

(2)LGWR 主要作用是将 log buffer 中的 redo log 记录按照一定的条件写入联机的

redo log 文件。

(3)CKPT 主要作用是将检查点位置(checkpoint position)写入控制文件和数据文件的头部。

(4)SMON 主要作用是在数据库启动时,判断实例上次是否正常关闭,如果是非正常关闭,则进程实例恢复。另外,还会合并相连的可用空间。

(5)PMON 监控 server process, 如果 server process 非正常关闭,则 PMON 负责清理它占用的各种资源。

5. Oracle 存储结构

存储结构即物理文件的组成结构,Oracle 涉及的物理文件如图 2-4 所示:

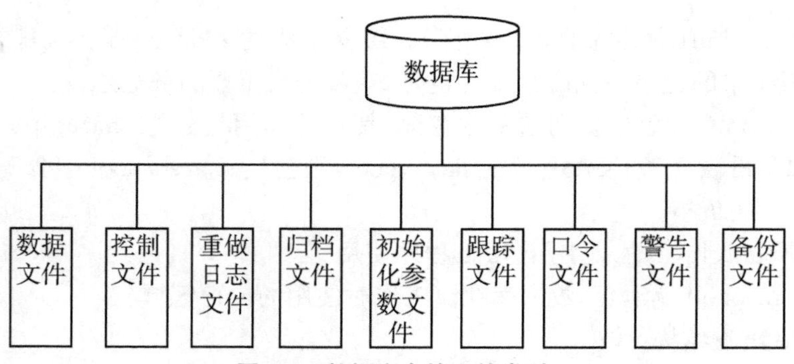

图 2-4 数据库中的文件类型

其中的控制文件、数据文件、重做日志文件是不可或缺的关键文件。

(1)控制文件(control file)包含了数据库物理结构的信息,比如各种文件的存放位置,当前数据库的运行状态等。control file 十分重要,丢失则数据库实例不能启动。

(2)数据文件(datafile)为存放数据的文件。

(3)联机重做日志文件(online redo log file)为存放 redo log 的文件,能够维护数据库的一致性,用于数据库恢复。

2.2 物理存储结构

Oracle 数据库的存储结构包括物理存储结构(physical structure)和逻辑存储结构(logical structure),两者相互关联。可以从物理的和逻辑的角度,去认识 Oracle 数据库的结构。物理存储结构指在操作系统下数据库的文件组织和实际的数据存储等。

从文件的角度看,数据库可以分为三个层次。Oracle 数据库的物理存储结构主要包括数据文件、控制文件、归档日志文件(archived log file)等,所有文件都是由操作系统的物理块组成。

2.2.1 数据文件

数据文件用来存储数据和相关脚本文件。Oracle 数据库由一个或多个数据文件组成。在数据库内部,数据与文件有逻辑上的映射关系,允许不同类型的数据分开存储。数据库在逻辑上划分为多个表空间(table space)。每个表空间由同一磁盘上的一个或多个文件组成,这些文件叫做数据文件。一般情况下,一个数据文件只能属于一个表空间,而同一个表空间可以跨越多个数据文件。数据文件可以存储两种类型的数据——用户数据和系统数据。

2.2.2　控制文件

每个数据库至少有一个控制文件,一般是三个控制文件,和数据文件放在同一个目录下。控制文件是特定的二进制文件,一般比较小,用来存放与数据库文件相关的关键信息。数据库启动时,通过控制文件找到数据文件和重做日志文件。在 Windows 操作系统下,对应的控制文件是 control01.dbf、control02.dbf 和 control03.dbf。如:D:\\oracle\\product\\10.2.0\\oracledata\\demodb\\control01.dbf。

在数据库运行时,首先检查控制文件是否合法,只有在控制文件有效的情况下数据库才能正常工作,否则数据库不能工作。在运行过程中,控制文件不断被更新,如当出现检查点或者修改数据库的结构时,控制文件同时被修改。系统通过控制文件保证数据库的完整性以及恢复数据时确定使用哪些日志,所以当数据库被破坏时,通过控制文件,可以手工创建数据库。

数据库控制文件名通过 init.ora 文件的 controlfiles 参数来规定。主要包含的信息类型如下:

- 数据库名。
- 数据库创建时间。
- 数据文件和重做日志文件的存放位置。
- 表空间名。
- 当前日志序列号。
- 检查点信息。
- 关于重做日志和归档的当前状态信息。

一般来说,查看控制文件信息有以下两种方法:

```
SQL>SELECT * FROM V$controlfile;
SQL>SELECT type, record_size, records_total, records_used
    FROM V$controlfile_record_section
    WHERE type='DATAFILE';
```

2.2.3　归档日志文件

归档日志文件用于保存被覆盖的重做日志文件。非归档模式就是在数据库运行时,日志信息不断地记录到日志文件组中,当日志文件组记录满后又重新从第一个日志组开始覆盖写日志信息,这时不会用到归档日志文件。所以归档日志文件在归档模式下工作。在归档模式下,各日志文件记录满后要被覆盖前,先由归档进程(AECH)将被覆盖的信息读出并写到归档日志文件中,便于恢复数据库,然后覆盖重做日志文件。

2.3 逻辑存储结构

Oralce 数据库在逻辑上是可以按照层次进行管理的，从大到小分别为表空间、逻辑对象、段区间和块，小的逻辑结构包含在大的逻辑结构中。从数据库使用者的角度来考虑它的逻辑组成，可以分为 6 个层次，逻辑存储结构图如图 2-5 所示。

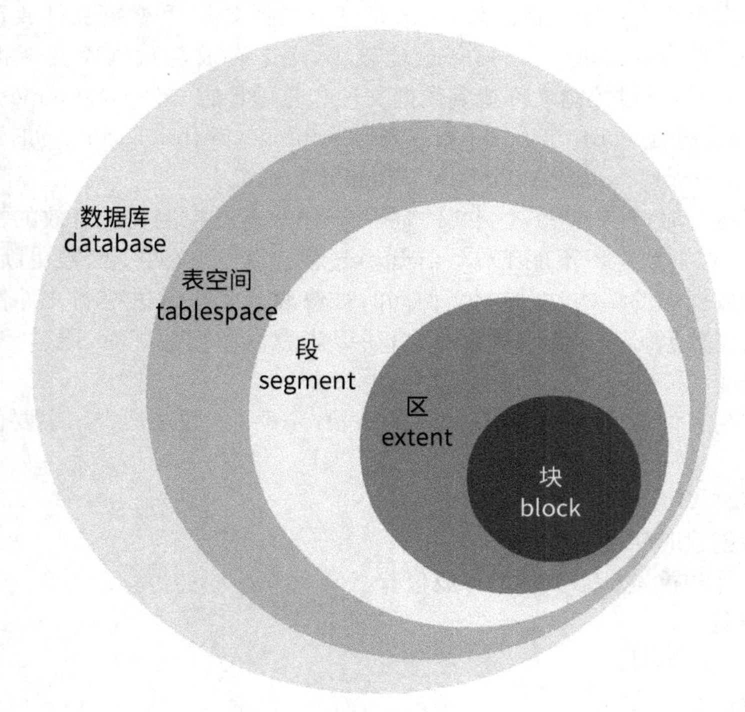

图 2-5 逻辑存储结构图

由图 2-5 可知，一个表空间由一组段组成，一个段由一组区组成，一个区由一批数据库块组成，一个数据库块对应一个或多个物理块。

2.3.1 表空间

表空间是用于存放表、索引和视图等对象的磁盘逻辑空间，是数据库中最高级的逻辑存储结构，是数据库的逻辑划分，由一个或多个物理文件表示。一个段属于某个表空间，则它和它包含的区间都将存放在这个表空间中。一个表空间只能属于一个数据库。

2.3.2 逻辑对象

逻辑对象(logic object)或模式对象，是由用户创建的逻辑结构，用以包含或引用它们的数据，如表、视图、索引、簇、存储过程、序列和同义词之类的结构。可以使用 Oracle Enterprise Mannager 来创建和操作逻辑对象。

2.3.3 段、区、块

段(segment)由一组区(extent)构成,其中存储了表空间内各种逻辑存储结构的数据。例如,Oracle 能为每个表的数据段(data segment)分配区,还能为每个索引的索引段(index segment)分配区。

1.数据段简介

在 Oracle 数据库中,一个数据段可以供以下方案对象(或方案对象的一部分)容纳数据:

(1)非分区表或非簇表。

(2)分区表的一个分区。

(3)一个簇表。

当用户使用 CREATE 语句创建表或簇表时,Oracle 创建相应的数据段。表或簇表的存储参数(storage parameter)用来决定对应数据段的区如何被分配。用户可以使用 CREATE 或 ALTER 语句直接设定这些存储参数。这些参数将会影响与方案对象相关的数据段的存储与访问效率。

2.索引段

Oracle 数据库中每个非分区索引(nonpartitioned index)使用一个索引段(index segment)来容纳其数据。而对于分区索引(partitioned index),每个分区使用一个索引段来容纳其数据。

用户可以使用 CREATE INDEX 语句为索引或索引的分区创建索引段。在创建语句中,用户可以设定索引段的区的存储参数以及此索引段应存储在哪个表空间中(表的数据段和与其相关的索引段不一定要存储在同一表空间中)。索引段的存储参数将会影响数据的存储与访问效率。

3.临时段简介

当 Oracle 处理一个查询时,经常需要为 SQL 语句的解析与执行的中间结果(intermediate stage)准备临时空间。Oracle 会自动地分配被称为临时段 (temporary segment)的磁盘空间。例如,Oracle 在进行排序操作时就需要使用临时段。当排序操作可以在内存中执行,或 Oracle 设法利用索引即可执行时,就不必创建临时段。

4.区

区是 Oracle 数据库的最小存储单元。一系列连续的块组成空间,每一次系统分配和回收空间都是以区为单位进行的。

5.块

块(block)是 Oracle 进行逻辑管理的最基本的单元,数据库进行读写都是以块为单位进行的,其大小与操作系统的块不同,由 db_block_size 参数决定,如:

```
db_block_size=8192
```

2.4 数据字典

Oracle 的数据字典是 Oracle 数据库安装之后，自动创建的一系列数据库对象。数据字典是 Oracle 数据库对象结构的元数据信息。熟悉和深入研究数据字典对象，可以在很大程度上帮助我们了解 Oracle 的内部机制。

2.4.1 静态数据字典

静态数据字典是数据库的一部分，用于记录系统资源信息、用户登录信息、数据库信息等内容。这些信息都是由系统自动创建和维护，其所在表空间为 SYSTEM 表空间。根据权限，用户可以查找一些系统信息。

静态数据字典是由一些基表和视图组成，存在于 SYSTEM 表空间中，可分为 4 类，通过前缀进行区分，如表 2-1 所示。

表 2-1 数据字典分类

数据字典前缀	说　明
ALL	由授权的用户访问，显示所有可访问的对象信息
USER	由用户创建，显示用户私有的对象信息
DBA	由具有 DBA 权限的用户访问，管理数据库对象信息
V$	有具有 DBA 权限的用户访问，显示运行中的动态信息

因为内部表和数据字典表一般不提供直接访问，这就需要一些命名更为容易理解的视图用于访问数据字典表和内部表。

静态数据字典视图是在基表的基础上创建的一系列视图，它以一种更友好的方式展示了基表中的内容。这些视图分为三类，分别以 user_、all_和 dba_开头，他们之间的包含关系如图 2-6 所示：

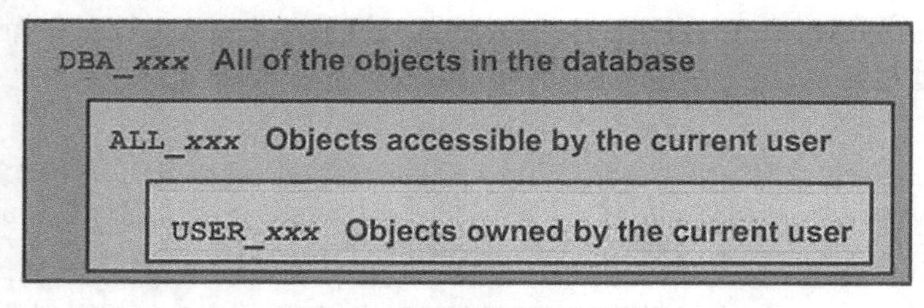

图 2-6 数据字典前缀关系图

与表和视图一样，查看数据字典也使用 SELECT 命名。

例 2-1 查询表空间的信息(当前用户必须拥有 DBA 角色)。

```
SQL>SELECT * FROM dba_data_files;
```

例 2-2 查询某一用户下的所有表、过程、函数等信息。

```
SQL>SELECT owner,object_name,object_type FROM all_objects;
```

2.4.2 动态性能表

动态性能表本质上不是数据字典的一部分，而是一组虚拟表，记录了当前数据库的活动情况和参数。数据库管理员通过查询动态性能表了解系统运行情况，检查和诊断系统运行出现的问题。

2.4.3 常用数据字典

Oracle 的数据字典是数据库的重要组成部分之一，它随着数据库的产生而产生，随着数据库的变化而变化，体现为 sys 用户下的一些表和视图。数据字典名称是大写的英文字符。

数据字典里存有用户信息、用户的权限信息、所有数据对象信息、表的约束条件、统计分析数据库的视图等。我们不能手工修改数据字典里的信息。

很多时候，一般的 Oracle 用户不知道如何有效地利用它，下面给出一些常用的数据字段，供大家参考，如表 2-2、表 2-3 所示。

表 2-2　基本数据字典

数据字典名称	说　明
DBA_TABLE	所有用户的所有表信息
DBA_TAB_COLUMNS	所有用户的表的列(字段)信息
DBA_VIEWS	所有用户的视图信息
DBA_SYNONYMS	所有用户的同义词信息
DBA_SEQUENCES	所有用户序列信息
DBA_COUNSTRAINTS	用户的表的约束信息
DBA_INDEXES	所有用户索引的信息
DBA_TRIGGERS	所有用户触发器信息
DBA_SOURCE	所有用户存储过程信息
DBA_SEGMENTS	所有用户段(表、索引及集群)空间信息
DBA_EXTENTS	所有用户段的扩展信息
DBA_OBJECTS	所有用户对象的基本信息
CAT	当前用户可以访问的所有基表
TAB	当前用户创建的所有基表、视图、同义词等
DICT	构成数据字段的所有表的信息

表 2-3 数据库相关的数据字典

数据库对象	数据字典的表和视图	说　明
数据库	V$DATABASE	记录数据库系统的运行状况
表空间	DBA_TABLESPACE	记录系统表空间的基本信息
	DBA_DATA_FILES	记录系统数据文件及表空间的基本信息
	DBA_FREE_SPACE	记录系统表空间的自由空间信息
实例	V$INSTANCE	记录实例的基本信息
	V$PARAMETER	记录系统各参数的基本信息
	V$SYSTEM_PARAMETER	显示实例当前的有效参数信息

2.5 用户

在 Oracle 系统中，用户是允许访问数据库系统的有效账户，是可以对数据库资源进行访问的实体。必须创建用户账号并授予那些账号相应的数据库访问权限，用户才能够访问彼此的数据库。

2.5.1 创建用户

根据不同的用户类型，创建 Oracle 系统的合法用户，并授予相应的权限。然后选择用户名称和身份验证机制。通常，Oracle 采用两种验证方法，数据库口令验证和操作系统身份验证。在一般应用中，口令验证比操作系统身份验证安全，所以这里仅介绍 Oracle 数据库口令验证。

创建用户的步骤如下：

(1)确定该用户的表空间和表空间大小。

(2)分配默认的表空间和临时表空间。

(3)创建用户。

(4)授予权限或角色。

根据以上步骤，创建一个用户 teacher。

例 2-3 创建用户 teacher。

```
SQL>CONNECT SYSTEM/system;
```

已连接。

```
SQL>CREATE USER teacher
    IDENTIFIED BY teacher123
    DEFAULT TABLESPACE USERS
    TEMPORARY TABLESPACE TEMP;
```

创建用户 teacher，口令为 teacher123，默认表空间是 USERS，临时表空间是 TEMP。

例 2-4 授予权限和角色。

```
SQL>GRANT CONNECT TO teacher;
```

授予 teacher 用户 CONNECT 角色，允许 teacher 连接到数据库。

```
SQL>GRANT RESOURCE TO teacher;
```

授予 teacher 用户 RESOURCE 角色，允许 teacher 使用数据库中的表空间。

```
SQL>GRANT SELECT ON scott.emp TO teacher;
```

授予 teacher 用户 SELECT 权限，允许 teacher 查询数据。

2.5.2 修改用户

作为数据库管理员，在管理和维护数据库时，用户会因为各种需要而改变用户账户、改变表空间和修改权限等。

例 2-5 修改用户 teacher 的口令。

```
SQL> ALTER USER teacher
    IDENTIFIED BY teacher
```

例 2-6 修改用户 teacher 的账户状态。

```
SQL> ALTER USER teacher
    ACCOUNT LOCK;
```

例 2-7 修改用户 teacher 的表空间。

```
SQL> ALTER USER teacher
    DEFAULT TABLESPACE USERS
    TEMPORARY TABLESPACE TEMP;
```

2.5.3 删除用户

如果要删除用户，可以用 DROP USER 语句。这条语句有一选项关键字 CASCADE。不带 CASCADE 的 DROP USER 语句删除的用户必须是没有拥有其他模式对象的用户，如果拥有模式对象则要先删除其所拥有的模式对象。带 CASCADE 的 DROP USER 语句可以不管用户是否拥有模式对象，连同模式对象一起删除。

例 2-8 删除用户 teacher。

```
SQL> DROP USER teacher;
DROP USER teacher
第一行出现错误;
DRA_01922:必须制定 CASCADE 以删除 'teacher'
```

例 2-9 带选项 CASCADE 删除用户 teacher。

```
SQL> DROP USER teacher CASCADE;
```

2.6 权限

权限对于数据库系统来说，是能够执行特殊类型的 SQL 语句，以及访问数据库中模式对象的权利。Oracle 数据库中，有两类权限，系统权限(system privilege)和对象权限(object privilege)。

系统权限表示在任何 Oracle 账号中执行指定的语句，如 CREATE、DROP、ALTER 等 DDL 语句。

对象权限是由用户赋予的访问或操作数据库对象的权限，如向员工表插入行、查询权限范围内的数据等，一般是 DML 语句(如 INSERT、UPDATE、SELECT 等)。

2.6.1 权限赋予

创建新用户时，必须向新用户授权，新用户才具有对数据库操作的能力。权限授予的方法有很多，包括如下：

- 通过 GRANT 语句向用户授予各种权限、角色等。
- 通过角色向用户授予各种权限、角色等。
- 用 set role 控制角色的使用，从而达到管理用户权限的目的。

例 2-10 授予权限 CREAT SESSION 和 DBA 角色给用户 teacher。

```
SQL> GRANT CREATE SESSION, DBA TO teacher;
```

2.6.2 权限回收

如果用户被授予了过高的或多余的权限，可能会给 Oracle 系统带来安全隐患。作为数据库管理员应及时检查并回收相关权限。通过 REVOKE 语句可以回收用户的各种权限、角色等。

例 2-11 回收 teacher 用户对 scott. emp 表的 INSRT 权限。

```
SQL> REVOKE INSERT ON scott. emp FROM teacher;
```

小 结

Oracle 体系结构是一个复杂的核心内容，认清和理解体系结构对管理和开发 Oracle 应用系统非常有帮助。体系结构描述了 Oracle 数据库的主要组成和组成之间的联系，体现了系统的功能框架，帮助我们从整体上认识了 Oracle 数据库的概貌。本章的概念和定义较多，下面列出了需主要掌握的内容。

- 体系结构的概念和组成。
- 物理存储结构和逻辑存储结构。
- 数据文件、控制文件、归档日志文件。
- 表空间、逻辑对象、段、区、块。

- 数据字典、静态数据字典和动态性能表。
- 用户的创建、修改、删除。
- 权限的授予、回收。

作　业

1. Oracle 数据库服务器由哪些部分组成?
2. 什么是数据库实例? 实例有什么用?
3. Oracle 逻辑存储结构由哪些部分组成?
4. 创建用户 mysec,并授予其 scott.emp 的查询权限。

第 3 章　Oracle 10g 空间管理

学习目标

- 掌握 Oracle 表空间的创建
- 了解 Oracle 数据类型
- 了解表的约束
- 掌握索引、视图、同义词、序列

Oracle 数据库系统可以看成一组逻辑结构组成的数据库操作系统，使用和管理 Oracle 数据库是通过逻辑结构的操作来实现的。逻辑结构的操作主要表现在表空间和逻辑对象的管理上，因此，本章集中介绍表空间和逻辑对象。

在 Oralce 数据库中，DBA 可以通过观测一定的表或视图来了解当前空间的使用状况，进而做出调整决定。采用命令方式完成对表空间和数据文件的操作，可采用 OEM 或第三方工具来实现。一般来说，图形工具管理比较简单、直观，易于掌握；但图形工具没有命令方式灵活，所以本章主要介绍命令方式的管理方法。

3.1　表空间

数据库中的数据存放在表空间中，一个数据库可对应多个表空间。表空间是一个逻辑概念，所有的数据和值实际上放在一个或多个物理文件中，一个物理文件对应一个表空间。当创建数据库时要创建表空间，并指定数据文件。

3.1.1　创建表空间

任何一个数据库创建的第一个表空间都是 System Tablespace，第一个数据文件将自动分配给 System Tablespace。创建表空间使用语句 CREATE TABLESPACE 来实现。

例 3-1　创建表空间 rb_segs。

```
SQL>CREATE TABLESPACE rb_segs
    DATAFILE '\\d:database \\datafiles_1' SIZE 50M;
```

例 3-2　创建临时表空间 TEMP。

```
SQL>CREATETEMPORARY TABLESPACE TEMP;
    TEMPFILE '\\d:database\\usertemp_1. dbf' SIZE 50M;
```

3.1.2　维护表空间

维护表空间是数据库日常管理中一项重要内容，特别要关注表空间中空闲空间的比例。如果表空间被破坏，可能造成数据丢失。

例 3-3　创建表空间 rb_segs。

```
SQL>CREATE TABLESPACE rb_segs
ADD DATAFILE 'filename' SIZE 10M;
```

例 3-4　创建临时表空间 TEMP。

```
SQL>ALTER DATABASE DEFAULT TABLESPACE rb_segs
```

3.1.3　删除表空间

表空间一旦被删除，该表空间中的所有数据将不能恢复。删除表空间使用 DROP TABLESPACE命令，它仅仅删除在控制文件中的指针，并没有物理删除文件，必需在操作系统中物理地将文件删除。

例 3-5　删除 rb_segs 表空间及其所有的段。

```
SQL>DROP TABLESPACE rb_segs INCLUDING CONTENTS;
```

注意：

当该表空间中有表与另外表空间中的表有主、外键关系时，则不能删除该表空间。

3.1.4　查询表空间与数据字典

查看表空间的数据字典可以了解当前空间的使用状况，表 3-1 列出了与表空间和数据文件有关的数据字典。

表 3-1　与表空间和数据文件有关的数据字典

数据字典	说　明
DBA_DATA_FILES	实例中所有数据文件和表空间的信息
DBA_TABLESPACES	表空间的信息
DBA_FREE_SPACE	表空间的空闲空间信息

3.2　SQL 语言基础

3.2.1　Oracle 数据类型

1. 数字数据类型

NUMBER 可以描述整数或实数，它的定义方式是 NUMBER(P，S)，P 是精度，最大 38 位；S 是刻度范围。

例如：NUMBER(5，2)可以用来存储 −999.99～999.99 间的数值。

P、S可以在定义时省略,例如:NUMBER(5)、NUMBER等。

2. 字符数据类型

包括CHAR、VARCHAR2(VARCHAR)、LONG、NCHER和NVARCHAR2几种类型。

• CHAR数据类型。CHAR描述定长的字符串,如果实际值不够定义的长度,系统将以空格填充。它的声明方式为CHAR(L),L为字符串长度,缺省值为1,最大值为32767。

• VARCHAR2数据类型。VARCHAR2(VARCHAR)描述变长字符串。它的声明方式为VARCHAR2(L),L为字符串长度,没有缺省值,作为变量最大值为32767。在多节语言环境中,实际存储的字符个数可能小于L值,例如:当前语言环境为中文(SIMPLIFIED CHINESE_CHINA. ZHS16GBK)时,一个VARCHAR2(200)的数据列可以保存200个英文字符或100个汉字字符。

• LONG数据类型。LONG在数据库存储中可以用来保存多达2G的数据,作为变量,可以表示一个最大长度为32760字节的可变字符串。

• NCHAR、NVARCHAR2为国家字符集,与环境变量NLS指定的语言集密切相关,使用方法和CHAR、VARCHAR相同。

3. DATE数据类型

DATE数据类型用来存储日期和时间格式的数据。这种格式可以转换为其他格式的数据去浏览,而且它有专门的函数和属性用来控制和计算。

4. LOB数据类型

LOB(large object)数据类型存储非结构化数据,比如二进制文件、图形文件或其他外部文件。LOB存储量可达4G。数据可以存储到数据库中也可以存储到外部数据文件中。LOB数据的控制通过DBMS_LOB包实现。LOB数据类型有以下几种:

• CLOB:字符型数据。
• BLOB:二进制数据。
• BFILE:二进制文件。

BLOB和CLOB数据可以存储到不同的表空间中,BFILE存储在服务器上的外部文件中。

3.2.2 DDL——数据定义语言

数据定义语言用来改变数据库结构,包括创建、修改、删除数据库对象。常用数据定义语言包括创建、修改、删除表对象。

数据库表是一个以行和列的形式存放数据的存储单元。定义表的数据定义语言有:

• CREATE TABLE (创建表)。
• ALTER TABLE (修改表)。
• TRUNCATE TABLE (截断表)。
• DROP TABLE (删除表)。

3.2.3　DML——数据操纵语言

数据操纵语言用于检索、插入和修改数据库信息。数据操纵命名是最常用的 SQL 命令。常用语言如下：

- SELECT（检索）。
- INSERT（插入）。
- UPDATE（修改）。
- DELETE（删除）。

3.2.4　DCL——数据控制语言

数据控制语言为用户提供权限控制命令。数据库对象(必须为表)的所有者对这些对象拥有独有的控制权限。所有者可以根据自己的意愿决定其他用户如何访问对象；授予其他用户权限(INSERT、SELECT、UPDATE……)，使他们可以在其权限范围内执行操作。授权及撤销命令如下：

- CRANT（授权）。
- REVOKE（撤销）。

3.3　索引

在 Oracle 中，索引是一种供服务器在表中快速查找一个行的数据库结构。在数据库中建立索引主要有以下作用：

- 快速存取数据。
- 既可以改善数据库性能，又可以保证列值的唯一性。
- 实现表与表之间的参照完整性。
- 在使用 orderby、groupby 子句进行数据检索时，利用索引可以减少排序和分组的时间。

在关系数据库中，每一行都由一个行唯一标识 RowID。RowID 包括该行所在的文件、在文件中的块数和块中的行号。索引中包含一个索引条目，每一个索引条目都有一个键值和一个 RowID，其中键值可以是一列或者多列的组合。

索引按存储方法分类，可以分为以下两类。

- B^* 树索引的存储结构类似书的索引结构，有分支和叶两种类型的存储数据块，分支块相当于书的大目录，叶块相当于索引到的具体的书页。Oracle 用 B^* 树机制存储索引条目，以保证用最短路径访问键值。默认情况下大多使用 B^* 树索引，该索引就是通常所见的唯一索引、逆序索引。
- 位图索引存储节省空间，能减少 Oracle 对数据块的访问。它采用位图偏移方式来与表的行 ID 号对应，重复值太多的表字段一般使用位图索引。位图索引之所以在实际密集型联机事物处理(OLTP)中用得比较少，是因为 OLTP 会对表进行大量删除、修改、新建的操作。Oracle 每次进行操作都会对要操作的数据块加锁，以防止多人操作产生数据库锁等待甚至死锁现象。在联机分析处理(OLAP)中应用位图有优势,因为 OLAP 中大部分是对数据库的查询操作,而且一般采用数据仓库技术,所以大量数据采用位图索引节省空间比较明显。当创建表的命令中包含有唯一性关键字时,不能创建位图索引,创建全局分区索引时也不能用位图索引。

索引按功能和索引对象分为以下类型:

• 唯一索引意味着不会有两行记录相同的索引键值。唯一索引表中的记录没有 RowID,不能再对其建立其他索引。在 Oracle 10g 中,要建立唯一索引,必须在表中设置主关键字,建立了唯一索引的表只能按照该唯一索引结构排序。

• 非唯一索引不对索引列的值进行唯一性限制。

• 分区索引是指索引可以分散地存在于多个不同的表空间中,其优点是可以提高数据查询的效率。

• 未排序索引也称为正向索引。Oracle 10g 数据库中的行是按升序排列的,创建索引时不必指定对其排序,使用默认的顺序即可。

• 逆序索引也称反向索引。该索引同样保持列按顺序排列,但是颠倒已索引的每列的字节。

• 基于函数的索引是指索引中的一列或者多列是一个函数或者表达式,索引根据函数或表达式计算索引列的值。可以将基于函数的索引创建成位图索引。

另外,按照索引所包含的列数可以把索引分为单列索引和复合索引。索引列只有一列的索引为单列索引,对多列同时索引称为复合索引。

在正确使用索引的前提下,索引可以提高检索相应的表的速度。当用户考虑在表中使用索引时,应遵循下列一些基本原则。

(1)在表中插入数据后创建索引。在表中插入数据后,创建索引效率将更高。如果在装载数据之前创建索引,那么插入每行时 Oracle 都必须更改索引。

(2)为表和列创建正确的索引。如果经常检索包含大量数据的表中小于 15%的行,就需要创建索引。为了改善多个表的相互关系,常常使用索引列进行关系连接。

(3)主键和唯一关键字所在的列自动具有索引,但应该在与之关联的表中的外部关键字所在的列上创建索引。

(4)合理安排索引列。在 createindex 语句中,列的排序会影响查询的性能,通常将最常用的列放在前面。创建一个索引来提高多列的查询效率时,应该清楚地了解这个多列的索引对什么列的存取有效,对什么列的存取无效。

例如,在 A、B、C 三列上创建索引:

A 有效

AB 有效

ABC 有效

(5)限制表中索引的数量。尽管表可以有任意数量的索引,可是索引越多,在修改表中的数据时对索引做出相应更改的工作量也越大,效率也就越低。同样,目前不用的索引应该及时删除。

(6)指定索引数据块空间的使用。创建索引时,索引的数据块是用表中现存的值填充的，直到达到 PCTFREE 为止。如果打算将许多行插入到被索引的表中，PCTFREE 就应设置得大一点，不能给索引指定 PCTUSED。

(7)根据索引大小设置存储参数。创建索引之前应先估计索引的大小，以便更好地规划和管理磁盘空间。单个索引项的最大值大约是数据块大小的一半。

3.3.1 创建索引

创建索引的命令是 CREATE INDEX，其语法如下：

```
CREATE [UNIQUE] INDEX 索引名
ON 表名(列名 1,列名 2……)
WHERE 条件
```

创建唯一性索引对要索引的列有一定的要求，如不能为空值(NULL)，因为索引是要对索引列的组合进行排序，NULL 值会让系统产生二义性；不能出现重复的行，否则唯一行索引会失败。一个表可以创建一个或多个索引。

例 3-6　创建唯一性索引。

```
SQL>CREATE UNIQUE INDEX indDepartmenNo ON employee(departmenNo);
```

例 3-7　创建位图索引。

```
SQL>CREATE BITMAP INDEX indsEX ON employee(sex);
```

3.3.2 修改索引

创建完索引后可以根据需要修改索引。

例 3-8　重建索引。

```
SQL>ALTER INDEX indSex REBUTLD;
```

例 3-9　合并索引。

```
SQL>ALTER INDEX indSex COALESCE;
```

3.3.3 删除索引

如果某个索引不再需要了，留在数据库里会占用资源，所以，可以用语句 DROP INDEX 删除某个索引。

例 3-10　删除索引。

```
SQL>DROP INDEX indSex;
```

3.4　视图

视图其实就是一条 SQL 语句，用于显示一个或多个表或其他视图中的相关数据。视图将一个查询的结果作为一个表来使用，因此视图可以被看作是存储的查询或一个虚拟表。视图来源于表，所有对视图数据的修改最终都会被反映到视图的基表中，这些修改必须服从基表的完整性约束，并会触发定义在基表上的触发器（Oracle 支持在视图上显式地定义触发器和定义一些逻辑约束）。

3.4.1 创建视图

当创建视图时，视图的名称不能与表名重复。为了区别表和视图，应该建立一种命名机制，容易区别两者。使用 CREATE VIEW 语句创建视图，语法如下：

```
CREATE [OR REPLACE] VIEW[user.]视图名
[column1[,从 lumn2]——]
AS [query]
[SELECT 语句……]
```

其中，OR REPLAY 表示如果有同名的视图存在，则覆盖已有视图。

例 3-11 创建视图 view_employee。

```
SQL>CREATE VIEW view_employee
   AS
   SELECT * FROM EMPLOYEE;
```

3.4.2 删除视图

对于不再使用的视图，可以删除。具有 DROP VIEW 和 DROP ANY VIEW 权限的用户可以使用语句 DROP VIEW 删除视图。

例 3-12 删除视图 view_employee。

```
SQL>DROP VIEW view_employee;
```

3.5 同义词

Oracle 中的同义词，从字面上理解就是别名的意思，和视图的功能类似，就是一种映射关系。经常用于简化对象访问和提高对象访问的安全性。在使用同义词时，Oracle 数据库将它翻译成对应方案对象的名字。

同义词有两种类型：

- 私有同义词（只能被当前模式的用户访问）。
- 公有同义词（可以被所有的数据库用户访问）。

3.5.1 创建同义词

创建同义词的语法如下：

```
CREATE [OR REPLAY][PUBLIC]SYNONYM[user.]synonym_name
FOR [user.]object_name
```

其中，OR REPLACE 表示同义词存在的情况下替换该同义词，synonym_name 表示同义词名字，object_name 表示创建同义词的对象。

例 3-13　创建私有同义词。

```
SQL>CREATE SYNONYM myemp FOR scott.emp;
```

使用同义词：

```
SQL>SELECT * FROM myemp;
```

例 3-14　创建公有同义词。

```
SQL>CREATE PUBLIC SYNONYM public_myemp FOR scott.emp;
```

使用同义词：

```
SQL>SELECT * FROM public_myemp;
```

3.5.2　删除同义词

使用 DROP SYNONYM 删除数据库中的同义词。要删除同义词，用户必须拥有相应的权限，语法如下：

```
DROP [PUBLIC] SYNONYM[user.]synonym_name;
```

例 3-15　删除同义词 myemp。

```
SQL>DROP SYNONYM myemp;
```

3.6　序列

序列是 Oracle 提供的用于产生一系列唯一数字的数据库对象，其特点如下：

- 自动提供唯一的数值。
- 共享对象。
- 主要用于提供主键值。
- 将序列值装入内存可以提高访问效率。

3.6.1　创建序列

创建序列语法如下：

```
CREATE SEQUENCE [user.] sequence_name
    [INCREMENT BY n]
    [STAR WITH n]
    [MAXVALUE n | NOMAXVALUE]
    [MINVALUE n | NOMINVALUE]
```

参数说明：

INCREMENT BY：指定序列号之间的间隔，该值可为正整数或负整数，但不可为零，序列为升序。忽略该字句时，缺省值为 1。

STAR WITH：指定生产的第一个序列号。在升序时，序列可从比指定的最大值大的值开始，缺省值为序列的最小值。对于降序，序列可从最大的值开始，缺省值为序列的最大值。

MAXVALUE：指定序列可生成的最大值。

NOMAXVALUE：为升序指定最大值为 1027，为降序指定最大值为－1。

MINVALUE：指定序列的最小值。

NOMINVALUE：为升序指定最小值为 1，为降序指定最小值为－1026。

例 3-16　创建序列。

```
SQL>CREATE SEQUENCE my_num
    START WITH 1
    INCREMENT BY 1
    MAXVALUE 5000
    CACHE 20;
```

3.6.2　使用序列

创建了序列之后，可以通过 CURRVAL 和 NEXTVAL 属性来访问序列的值。

- CURRVAL：返回序列当前的值。
- NEXTVAL：返回序列的下一个值。

例 3-17　插入数据使用序列。

```
SQL>INSERT INTO employee (emp_id, emp_name)
    VALUES (my_num. NEXTVAL, 'zhangsan');
```

例 3-18　查看当前序列的值。

```
SQL>SELECT my_num, CURRVAL FROM dual;
```

3.6.3　更改序列

更改序列的语法如下：

```
ALTER SEQUENCE[user.] sequence_name
    [INCREMENT BY n]
    [MAXVALUE n | NOMAXVALUE]
    [MINVALUE n | NOMINVALUE];
```

注意：

不能修改序列的 START WITH 参数。

例 3-19　修改序列。

```
SQL>ALTER SEQUENCE my_num
    MAXVALUE 99999
    CYCLE;
```

3.6.4　删除序列

删除序列语法如下：

```
DROP SEQUENCE [user.]sequence_name;
```

例 3-20　删除序列。

```
SQL>DROP SEQUENCE my_num;
```

小　结

在 Oracle 数据库中，DBA 可以通过观测一定的表或视图来了解当前空间的使用状况，进而做出调整决定。表空间、表、视图、同义词以及序列都是空间管理的主要内容，不论是逻辑对象还是逻辑结构，都反应了数据在数据库中的存储情况。

作　业

1. 创建一个名为“myspace”的表空间，该表空间由三个数据文件组成：myspace01.dbf、myspace02.dbf 和 myspace03.dbf，大小均为 10MB。
2. 创建一个员工表，建立索引并产生相关的视图。
3. 为 scott 用户的 emp 表，创建一个共有同义词。
4. 创建一个名为“stu_seq”的序列，序列的起始值为 49，并在每次查询时增加 10，直到到达 200，然后重新从 59 开始。

第 4 章　Oracle 高级查询、事务、过程及函数

学习目标

- 了解 Oracle 常用函数
- 掌握多表查询
- 掌握事务处理
- 掌握存储过程、函数

4.1　SQL 函数介绍

SQL 函数包括单行函数和多行函数，其中单行函数是指输入一行输出一行的函数；多行函数也称为分组函数，它会根据输入的多行数据输出一个结果。SQL 函数不仅可以在 SQL 语句中引用，也可以在 PL\\SQL 块中引用。

4.1.1　数值函数

数值函数的输入参数和返回值都是数值型，并且多数函数精确到 38 位。下面详细介绍 Oracle 所提供的各种数值函数。

1. ABS(n)

该函数用于返回数字 n 的绝对值。

例 4-1　使用 ABS()函数。

```
SQL>SELECT'ABS:' || ABS(-12.3)FROM dual;
```

运行结果：

```
ABS:12.3
```

2. CELL(n)

返回大于等于数字 n 的最小整数。

例 4-2　使用 CELL()函数。

```
SQL>SELECT 'SELL:' || CELL(5.3)FROM dual;
SQL>SELECT 'SELL:' || CELL(-5.3)FROM dual;
SQL>SELECT 'SELL:' || CELL(5)FROM dual;
```

运行结果：

```
CELL:6
```

```
CELL:-5
CELL:5
```

3. FLOOR(n)

返回小于等于数字 n 的最大整数。

例 4-3　使用 FLOOR()函数。

```
SQL>SELECT 'FLOOR:' || FLOOR(5.3)FROM dual;
SQL>SELECT 'FLOOR:' || FLOOR(-5.3)FROM dual;
SQL>SELECT 'FLOOR:' || FLOOR(5)FROM dual;
```

运行结果：

```
CELL:5
CELL:-6
CELL:5
```

4. ROUND(n,[m])

该函数用于执行四舍五入运算。如果省略 m,则四舍五入至整数位;如果 m 是负数,则四舍五入到小数点前 m 位;如果 m 是整数,则四舍五入至小数点后 m 位。

例 4-4　使用 ROUND()函数。

```
SQL>SELECT 'ROUND:' || ROUND(12635.714265,0)FROM dual;
SQL>SELECT 'ROUND:' || ROUND(12635.714265,-3)FROM dual;
SQL>SELECT 'ROUND:' || ROUND(12635.714265,3)FROM dual;
```

运行结果：

```
ROUND:12636
ROUND:13000
ROUND:12635.714
```

5. TRUNC(n,[m])

该函数用于截取数字。如果省略数字 m,则将数字 n 截取整数位;如果数字 m 是整数,则将数字 n 截取至小数点后的第 m 位,如果 m 是负数,则将 n 截取至小数点前的 m 位。

例 4-5　使用 TRUNC()函数。

```
SQL>SELECT 'TRUNC:' || TRUNC(1245.567)FROM dual;
SQL>SELECT 'TRUNC:' || TRUNC(1245.567,2)FROM dual;
SQL>SELECT 'TRUNC:' || TRUNC(1245.567,-2)FROM dual;
```

运行结果：

```
TRUNC:1245
TRUNC:1245.56
TRUNC:1200
```

4.1.2 字符函数

字符函数的输入参数是字符型,返回值是字符型和数值型。下面介绍 Oracle 提供的常用字符型函数。

1. LOWER(char)

将字符串转化为小写格式。

2. UPPER(char)

将字符串转化为大写格式。

3. LENGTH(char)

返回字符串的长度。

4. LTRIM(char[,set])

去掉字符串 char 左端包含的 Set 的任何字符。Set 默认为空格。

例 4-6 使用 LTRIM()函数。

```
SQL>SELECT 'LTRIM:' || LIRIM('this is')FROM dual;
SQL>SELECT 'LTRIM:' || LIRIM('this is','th')FROM dual;
```

运行结果

```
LIRIM:this is
LTRIM:is is
```

5. RTRIM(char[,set])

去掉字符串 char 右端包含的 Set 中的任何字符。Set 默认为空格。

6. REPLACE(char,search_string[,replace_string])

将字符串中的字符替换为指定的字符。

例 4-7 使用 REPLACE()函数。

```
SQL>SELECT 'REPLACE:' || REPLACE('this is apple','apple','orange')FROM dual;
```

运行结果:

```
REPLACE:this is orange
```

4.1.3 转换函数

转换函数用于将数值从一种数据类型转换为另一种数据类型。在编写应用程序时,为了防止出现编译错误,如果数据类型不同,那么应该使用转换函数进行类型转换。

1. TO_NUMBER(char[,fmt[,nls_param]])

将符合特定数字格式的字符转变成数值。

例 4-8 使用 TO_NUMBER()函数。

```
SQL>SELECT 'TO_NUMBER:' || TO_NUMBER('2000,22','999999D99')FROM dual;
```

运行结果:

```
TO_NUMBER;2000. 22
```

2. TO_CHAR(char[,fmt[,nls_param]])

将日期类型转变为字符串，其中 fmt 用于指定日期格式，nls_param 用于指定 NLS 参数。

例 4-9　使用 TO_CHAR()函数。

```
SQL>SELECT 'TO_CHAR:' || TO _CHAR(sysdate,'dd-mm-yy')FROM dual;
```

运行结果：

```
TO_CHAR:12-03-09
```

3. TO_DATE(char[,fmt[,nls_param]])

将符合特定格式的字符串转变为 Date 类型的值。

例 4-10　使用 TO_DATE()函数。

```
SQL>select 'TO_DATE' || TO_DATE('05-03-09','mm-dd-yy')FROM dual;
```

运行结果：

```
TO_DATE:2009-5-3
```

4. NVL(expr1,expr2)

将 NULL 转变为实际值。如果 expr1 是 NULL，则返回 expr2；如果 expr1 不是 NULL，则返回 expr1。参数 expr1 和 expr2 可以是任意数据类型，但两者的数据类型必须要匹配。

例 4-11　使用 NVL 函数。

```
SQL>SELECT 'NVL:' || NVL(COMM,0)FROM scott.emp WHERE empon=7369;
```

运行结果：

```
NVL:0
```

5. NVL2(expr1,expr2,expr3)

用于处理 NULL。如果 expr1 不是 NULL，则返回 expr2，如果 expr1 是 NULL，则返回 expr3。参数 expr1 可以是任意数据类型，而 expr2 和 expr3 可以是除 LONG 之外的任何数据类型。

例 4-12　使用 NVL2()函数。

```
SQL>SELECT 'NVL2:' || NVL2(COMM,0,1)FROM scott.emp WHERE empno=7369;
```

运行结果如下：

```
NVL2:1
```

4.2　多表查询

4.2.1　使用集合操作符

我们在使用中有时需要组合多条 SELECT 语句以达到预期的输出效果。SQL 通过集合操作符(setoperator)提供了这种功能。每条 SELECT 语句的结果被认为是一个集合,可以利用集合操作符 UNION、UNION ALL、MINUS 和 INTERSECT 组合这些集合。表 4-1 汇总了集合操作符。

表 4-1 SQL 的集合操作符

集合操作符	说明
UNION	返回查询检索到的所有不重复行
UNION ALL	返回查询检索的所有行,包括重复行
INTERSECT	返回两个查询都检索到的行
MINUS	返回第一个查询检索到的行减第二个查询检索的行所剩余的行

如果我们需要将两个 SELECT 语句的结果作为一个整体显示出来,我们就需要用到 UNION 或者 UNION ALL 关键字。

UNION 的作用是将多个结果合并在一起显示出来。

UNION 和 UNION ALL 的区别是,UNION 会自动压缩多个结果集合中的重复结果,而 UNION ALL 则将所有的结果全部显示出来,不管是不是重复。

UNION:对两个结果集进行并集操作,不包括重复行,同时进行默认规则的排序;

UNION ALL:对两个结果集进行并集操作,包括重复行,不进行排序;

INTERSECT:对两个结果集进行交集操作,不包括重复行,同时进行默认规则的排序;

MINUS:对两个结果集进行差操作,不包括重复行,同时进行默认规则的排序。

可以在最后一个结果集中指定 Order by 子句,改变排序方式。

例 4-13 使用 UNION 联合表。

```
SELECT employee_id, job_id from employees
UNION
SELECT employee_id, job_id from job_history
```

例 4-13 将两个表的结果联合在一起,对两个 SELECT 语句的结果中的重复值进行压缩,得到的数据的条数并不是两条语句结果的条数的和。如果希望重复的结果显示出来可以使用 UNION ALL。

例 4-14 使用 UNION ALL 联合表。

```
SELECT * from emp where deptno >= 20
UNION ALL
SELECT * from emp where deptno <=30
```

例 4-14 的结果就有很多重复值了。

有关 UNION 和 UNION ALL 关键字需要注意的是:UNION 和 UNION ALL 都可以将多个结果集合并,而不仅仅是两个。

4.2.2 连接查询

包括内连接和外连接。

内连接用于返回满足连接条件的记录；而外连接则是内连接的扩展，它不仅会返回满足连接条件的记录，而且还会返回不满足连接条件的记录，语法如下：

```
SELECT table1. column, table2. column from table1 [INNER|LEFT|RIGHT|FULL] JOIN table2 on table1. column=table2. column;
```

INNER JOIN 表示内连接，LEFT JOIN 表示左外连接，RIGHT JOIN 表示右外连接，FULL JOIN 表示全连接；on 用于指定连接条件。

注意：

如果使用 form 内、外连接，则必须使用 on 操作符指定连接条件；如果使用(＋)操作符连接，则必须使用 where 指定连接条件。

1. 内连接

内连接查询返回满足条件的所有记录，在默认情况下，没有指定任何连接则为内连接，如：

```
SELECT t1. name, t2. name from cip_temps t1 INNER JOIN cip_tmp t2 on t1. ID=t2. id;
```

2. 左外连接

左外连接查询不仅返回满足条件的所有记录，而且还会返回不满足连接条件的连接操作符左边表的其他行，如：

```
SELECT t1. name, t2. name from cip_temps t1 LEFT JOIN cip_tmp t2 on t1. ID=t2. id;
```

3. 右外连接

右外连接查询不仅返回满足条件的所有记录，而且还会返回不满足连接条件的连接操作符右边表的其他行，如：

```
SELECT t1. name, t2. name from cip_temps t1 RIGHT JOIN cip_tmp t2 on t1. ID=t2. id;
```

4. 全连接

全连接查询不仅返回满足条件的所有记录，而且还会返回不满足连接条件的其他行，如：

```
SELECT t1. name, t2. name from cip_temps t1 FULL JOIN cip_tmp t2 on t1. ID=t2. id;
```

5. (＋)操作符

在 Oracle 9i 之前，当执行外连接时，都是使用连接操作符(＋)来完成的。使用(＋)操作符执行外连接的语法如下：

```
SELECT table1. column, table2. column from table1, table2 where table1. column (+) = table2. column;
```

尽管可以使用操作符(＋)执行外连接操作，但是从 Oracle 9i 开始 Oracle 建议使用 OUTER JOIN 执行外连接。

(1)使用(＋)操作符执行左外连接。当使用左外连接时，不仅会返回满足连接条件的所有行，而且还会返回不满足连接条件的操作符左边表的其他行。因为(＋)操作符要放到行数较少的一端，所以在 where 子句中应当将该操作符放到右边表的一端，示例如下：

```
SELECT t1.name,t2.name from cip_temps t1,cip_tmp t2 where t1.ID=t2.id(+);
```

（2）使用（+）操作符执行右外连接。当使用右外连接时，不仅会返回满足连接条件的所有行，而且还会返回不满足连接条件的操作符右边表的其他行。因为（+）操作符要放到行数较少的一端，所以在 where 子句中应当将该操作符放到左边表的一端，示例如下：

```
SELECT t1.name,t2.name from cip_temps t1,cip_tmp t2 where t1.ID(+)=t2.id;
```

注意：

• 当使用（+）操作符执行外连接时，应当将该操作符放在显示较少行（完全满足连接条件行）一端。

• （+）操作符只能出现在 where 子句中，并且不能与 outer join 语法同时使用。

• 当使用（+）操作符执行外连接时，如果在 where 语句中包含多个条件，那么必须在所有的条件中都包含（+）操作符。

• （+）操作符只适用于列，而不适用于表达式。

• （+）操作符不能与 or 或 in 操作符一起使用。

• （+）操作符只能用于左外连接和右外连接，不能用于实现完全连接。

4.3 事务处理

在数据库中，事务是工作的逻辑单元，一个事务由一个或多个完成一组相关行为的 SQL 语句组成。通过事务机制确保一组 SQL 语句所进行的操作要么完全成功执行，完成整个工作单元操作，要么一点也不执行。事务处理的主要特性是确保数据库的完整性。

4.3.1 事务处理技术

事务用于确保数据库数据的一致性，它由一组相关的 DML 语句组成。在 Oracle 中没有“开始事务处理”的语句，用户不能显式地开始一个事务处理。事务处理会隐式地开始于第一条修改数据的语句，或者在一些要求事务处理的场合执行相关操作。数据库事务主要由 INSERT、UPDATE、DELETE、SELECT……FOR UPDATE 语句组成。当在应用程序中执行第一条 SQL 时，事务便开始了，当执行了 COMMIT 或 ROLLBACK 语句时，事务就结束了。Oracle 中对事务处理的控制语句主要包括 COMMIT、ROLLBACK、SAVEPOINT、ROLLBACK TO SAVEPOINT、SET TRANSACTION 和 SET CONSTRAINTS。

4.3.2 提交事务

在事务处理中，用户只需要使用 COMMIT 语句就可以结束事务。当执行 COMMIT 语句之后，系统确认事务变化、结束事务、删除保存点、释放锁，其他会话就可以查看到事务变化后的数据了。

例 4-15 使用 COMMIT 提交事务。

```
SQL>UPDATE scott.emp SET sal=2000 WHERE ename='MARY';
```

```
SQL>COMMIT
SQL>SELECT sal FROM scott.emp WHERE ename='MARY';
```

运行结果：

```
SAL
-------------------------------
2000
```

4.3.3 回滚事务

回滚可以撤销已进行的操作。当应用中出现错误，或是运行程序的终端用户决定不保存对数据库数据的修改时，就需要进行回滚。回滚事务使用 ROLLBACK 命令。

例 4-16　使用 ROLLBACK 回滚事务。

```
SQL>UPDATE scott.emp SET sal=3000 WHERE ename='MARY';
SQL>ROLLBACK
SQL>SELECT sal FROM scott.emp WHERE ename='MARY';
```

运行结果：

```
SAL
-------------------------------
2000
```

用户在事务的处理中可以建立保存点(SAVEPOINT)，用于取消部分事务。用户可以在单独的事务中拥有多个保存点，当使用 ROLLBACK TO SAVEPOINT 时，可以让用户有选择地回滚到保存点。

1. 设置保存点

设置保存点是使用 SQL 命名 SAVEPOINT 来完成的。也可以使用包 DBMS_TRANSACTION 的过程 SAVEPOINT 来设置保存点。

例 4-17　设置保存点。

```
SQL>SAVEPOINT a;
```

或

```
SQL>EXEC DBMS_TRANSACTION.SAVEPOINT('a');
```

2. 取消部分事务

为了取消部分事务，用户可以回滚到保存点。回滚到保存点既可以使用 ROLLBACK 命名，也可以使用包 DBMS_TRANSCATION 的过程 ROLLBACK_SAVEPOINT。

例 4-18　取消部分事务。

```
SQL>ROLLACK TO a;
```

或

```
SQL>EXEC DBMS_TRANSACTION. ROLLBACK_SAVEPOINT('a');
```

3. 取消全部事务

ROLLBACK 命名可以取消全部事务。

例 4-19 取消全部事务。

```
SQL>ROLLACK
```

或

```
SQL>EXEC DBMS_TRANSCATION>ROLLBACK;
```

当使用 ROLLBACK 命令取消全部事务时，会取消所有事务变化、结束事务、删除所有保存点并释放锁。

保存点是很有用的事务处理特性，它们可以让用户将单独的大规模事务处理分割成一系列较小的部分。用户可以将特定的语句组织到一起，将它们作为单独的语句进行回滚。

4.3.4 事务的 ACID 特性

对一组 SQL 语句操作构成事务，数据库操作系统必须确保这些操作的原子性(atomicity)、一致性(consistency)、隔离性(isolation)、持久性(durability)。

1. 原子性

事务的原子性是指事务中包含的所有操作要么全做，要么不做，也就是说所有的活动在数据库中要么全部反映，要么全部不反映，以保证数据库的一致性。

2. 一致性

事务的一致性是指数据库在事务操作前和事务处理后，其中的数据必须满足业务的规则约束。

3. 隔离性

隔离性是指数据库允许多个并发的事务同时对其中的数据进行读写或修改。当多个事务并发执行时，隔离性可以防止由于它们的操作命令交叉执行而导致的数据不一致性。

4. 持久性

事务的持久性是指在事务处理结束后，它对数据的修改应该是永久的。即便系统在遇到故障的情况下也不会丢失，这是数据的重要性决定的。

4.4 过程和函数

4.4.1 存储过程

如果在应用程序中经常需要执行特定的操作，可以基于这些操作建立一个特定的过程。建立过程的语法如下：

```
CREAT [OR REPLACE] PROCEDURE procedure_name(argument1 [model] datatype1, argument2
[mode2] datatype2, … …)
    IS [AS]
```

```
PL/SQL BLOCK;
```

其中，procedure_name 指定过程名称；argument1、argument2 等指定过程的输入参数（IN）、输出参数（OUT）和输入输出参数（IN OUT），未指定参数模式时，默认为输入参数（IN）；IS 或 AS 用于开始一个 PL/SQL 块。

例 4-20 建立一个不带参数的过程。

```
SQL>CREATE OR REPLACE PROCEDURE time_out
    IS
    BEGIN
        DBMS_OUTPUT. PUT_LINE(systimestamp);
    END;
```

建立完成过程后，可以使用 EXECUTE 命令或 CALL 命令调用过程，如下所示：

在命令窗口：

```
SQL>EXECUTE time_out;
```

执行结果：

```
04-5 月 -09 03.52.50.412000000 下午 +08:00
```

例 4-21 建立一个带输出参数的添加员工的存储过程。

```
SQL>CREATE OR REPLACE PROCEDURE add_employee
    (eno VARCHAR2, name VARCHAR2, deptno VARCHAR2,
        sex VARCHAR2 default '男', edate DATE, wdate DATE,
        natno VARCHAR2, pno VARCHAR2, esal NUMBER, ecomm NUMBER)
        IS
    BEGIN
        INSERT INTO scott. emp VALUES
        (eno, name, deptno, sex, edate, wdate, natno, pno, esal)
    END add_employee;
```

该 add_employee 过程没有指定参数模式，默认的全是输入参数。

过程不仅可以执行特定操作，也可以输出数据，输出数据使用 OUT 或 IN OUT 参数来完成。OUT 为输出参数，调用结束后，Oracle 会通过该变量将过程结果传递给应用程序。IN OUT 为输入输出参数，在调用过程之前，需要通过变量给该参数传递数据，在调用结束后，Oracle 会通过该变量将过程结果传递给应用程序。

例 4-22 演示如何创建带 OUT 参数的过程。

```
SQL>CREATE OR REPLACE PROCEDURE teseOut
    (value1 NUMBER, value2 OUT NUMBER)
    IS
    BEGIN
    value2 :=value1+50;
    END;
```

调用存储过程：

```
SQL>DECLARE
    result NUMBER;
    BEGIN
        testOut(10,result);
        DBMS_OUTPUT.PUT_LINE(result);
    END;
```

输出结果：

```
60
```

注意：

删除存储过程使用 drop procedure 语句。

4.2.2 函数

如果在应用程序中经常需要通过执行 SQL 语句来返回特定数据，可以建立相应的函数。建立函数的语法是：

```
CREATE [OR REPLACE] FUNCTION function_name(argument1 [model] datatype1, argument2
[mode2] datatype2, ……)
    RETURN datatype
    IS [AS]
    PL/SQL BLOCK;
```

其中，function_name 用于指定函数名称；argument1、argument2 等用于指定函数的参数，当制定参数数据类型时，不能指定其长度；RETURN 子句用于指定函数返回值的数据类型；model 是参数模式，包括输出参数（IN）、输出参数（OUT）和输入输出参数（IN OUT），未指定参数模式时，默认参数模式是输入参数（IN）；IS 或 AS 用于开始一个 PL/SQL 块。

例 4-23 创建函数。

```
SQL>CREATE OR REPLACE FUNCTION get_user
    RETURN VARCHAR2
    IS
    V_user VARCHAR2(100);
    BEGIN
        SELECT ename INTO v_user FROM scott.emp WHERE empno='7369';
        RETURN v_user;
    END;
```

建立了该函数之后，就可以调用该函数，因为函数有返回值，所以它只能作为表达式的一部分来调用。

• 可以使用变量接受函数返回值。

```
SQL>DECLARE
```

```
    username VARCHAR2(50);
BEGIN
    username:=get_user;
    DBMS_OUTPUT.PUT_LINE(username);
END;
```

• 可以在 SQL 语句中直接调用函数。

```
SQL>SELECT get_user FROM dual:
```

注意：

由于函数必需要返回数据，所以只能作为表达式的一部分调用，可以在 SQL 中调用函数，但并不是所有函数都可以在 SQL 语句中调用。带 OUT 和 IN OUT 参数的函数不能在 SQL 中被调用，且只能使用 SQL 所支持的标准数据类。

• 在包中调用函数，如使用 DBMS_OUTPUT 命令。

```
SQL>DBMS_OUTPUT.PUT_LINE('用户名:' || get_user);
```

注意：

删除函数使用 DROP FUNCTION 语句。

小　结

• SQL 函数：数值函数（FLOOR、ROUND 等）、字符函数（LENGTH、LTRIM 等）、转换函数（TO_CHAR、TO_DATE、NVL、NVL2 等）。

• 多表查询可以使用集合操作符 UNION、UNION ALL、MINUS、INTERSECT。

• 连接查询使用操作符 INNER JOIN、LEST JION、RIGHT JION。

• 事务处理：使用 COMMIT 提交事务；使用 ROLLBACK 回滚事务；使用 SAVEPOINT 设置事务保存点。

• 可以将一组功能性 SQL 语句封装到过程和函数中。创建过程使用 CREATE PROCEDURE，创建函数使用 CREAT FUNCTION。

作　业

1. 将“kb0932o9312il93111”字符串中的字母“o”替换成数字“0”，并且将字母“i”替换成数字“1”。

2. 查询 scott.emp 表，当 comm 列数据为空时，用 0 代替。

3. 查询 scott.emp、scott.dept 表，使用分组函数、连接查询统计各部门人数。

4. 查询 scott.emp 表，创建存储过程，输出员工编号，查询员工当前部门名称和工资。

第 5 章　Oracle PL/SQL 编程基础

学习目标

- 了解 PL/SQL 数据类型
- 掌握 PL/SQL 控制结构
- 了解 PL/SQL 中异常处理
- 掌握游标的使用

PL/SQL(Procedural Language/SQL)也是一种程序语言,是 Oracle 数据库对 SQL 语句的扩展,在普通 SQL 语句的使用上增加了编程语言的特点。所以 PL/SQL 就是把数据操作和查询语句组织在 PL/SQL 代码的过程性单元中,通过逻辑判断、循环等操作实现复杂的功能或者计算的程序语言。

5.1　PL/SQL 简介

PL/SQL 是 Oracle 对标准数据库语言 SQL 的过程化扩充,它将数据库技术和过程化程序设计语言联系起来,是一种应用开发语言,可使用循环、分支结构处理数据。PL/SQL 支持高级语言的块操作、条件判断、循环语句、嵌套等,与数据库核心的数据类型集成,使 PL/SQL 的程序设计效率更高。

使用 PL/SQL 可以编写具有很多高级功能的程序,虽然通过多个 SQL 语句也可能实现同样的功能,但是相比而言,PL/SQL 具有更为明显的一些优点:

- 能够使一组 SQL 语句的功能更具模块化。
- 采用了过程性语言控制程序的结构。
- 可以对程序中的错误进行自动处理,避免程序在遇到错误的时候中断。
- 具有较好的可移植性,可以移植到另一个 Oracle 数据库中。
- 集成在数据库中,调用更快。
- 减少了网络的交互,有助于提高程序性能。

通过多条 SQL 语句实现功能时,每条语句都需要在客户端和服务端传递,而且每条语句的执行结果都需要在网络中进行交互,占用了大量的网络带宽,消耗了大量网络传递的时间。在网络中传输的那些结果,往往都是中间结果,而不是我们所关心的最终结果。

使用 PL/SQL 程序时,因为程序代码存储在数据库中,所以程序的分析和执行完全在数据库内部进行。用户需要做的就是在客户端发出调用 PL/SQL 的执行命令,数据库接收到执行命令后,在数据库内部完成整个 PL/SQL 程序的执行,并将最终的执行结果反馈给用户。在整个过程中网络里只传输了很少的数据，减少了网络传输占用的时间，所以整体程序的执行性能会有明显的提高。

5.2 PL/SQL 程序的基本结构

PL/SQL 块由四个基本部分组成：定义、执行体、异常处理、执行体结束。

下面是四个部分的基本结构：

```
DECLARE —— 可选部分
定义变量、常量、游标、用户自定义异常
… …
BEGIN —— 必要部分
SQL 语句和 PL/SQL 语句构成的执行程序
… …
EXCEPTION —— 可选部分
程序出现异常时，捕捉异常并处理异常
… …
END;—— 必须部分
```

在数据库执行 PL/SQL 程序时，PL/SQL 语句和 SQL 语句是分别进行解析和执行的。PL/SQL 块被数据库内部的 PL/SQL 引擎提取，将 SQL 语句提取出传送给 Oracle 的 SQL 引擎进行处理。两种语句分别在两种引擎中分析处理，在数据库内部完成数据交互、处理过程。

5.2.1 基本语法

1.基本语法要求

在写 PL/SQL 语句时，必须遵循一些基本的语法，下面是 PL/SQL 程序代码的基本语法要求：

(1)语句可以写在多行，就像 SQL 语句一样。

(2)各个关键字、字段名称等，通过空格分隔。

(3)每条语句必须以分号结束，包括 PL/SQL 结束部分的 END 关键字后面也需要使用分号。

(4)标识符需要遵循相应的命名规定：

- 名称最多可以包含 30 个字符；
- 不能直接使用保留字，如果需要，需要使用双引号括起来；
- 第一个字符必须以字母开始；
- 不要用数据库的表或者科学计数法表示。

2.语法相关规则

(1)在 PL/SQL 程序中出现的字符值和日期值必须使用单引号。

(2)数字值可以使用简单数字或者科学计数法表示。

(3)在程序中最好养成添加注释的习惯,使用注释可以使程序更清晰,使开发者或者其他人员能够很快地理解程序的含义和思路。在程序中添加注释可以采用:

- /＊和＊/之间的多行注释。
- 以--开始的单行注释。

5.2.2 PL/SQL 块

块是 PL/SQL 的基本程序单元,编写一个 PL/SQL 块,可以完成一个简单的应用。如果要实现复杂的应用功能,可以在一个 PL/SQL 块中嵌套其他 PL/SQL 块。块的嵌套没有限制。定义部分用于定义变量、常量、游标、异常及其复杂数据类型等;执行体部分用于实现应用模块功能,该部分包括了要执行的 PL/SQL 语句和 SQL 语句;异常处理部分用于处理执行部分可能出现的运行错误。PL/SQL 基本块结构如下:

```
DECLARE
/＊定义部分—变量、常量、游标、例解＊/
BEGIN
/＊执行部分—PL/SQL,SQL 语句＊/
EXCEPTION
/＊异常处理部分—处理运行错误＊/
END;/＊块结束标志＊/
```

其中,定义部分以 DECLARE 开始,该部分是可选的;执行部分以 BEGIN 开始,该部分是必需的;异常处理部分以 EXCEPTION 开始,该部分是可选的;而 END 则是 PL/SQL 块的结束标志。

注意:

DECLARE、BEGIN、EXCEPTION 后面没有分号,而 END 后必须要有分号。

例 5-1 说明一个完成的 PL/SQL 块。

```
DECLARE
    v_ename VARCHAR2(20);
BEGIN
SELECT ename INTO v_ename FROM scott.emp WHERE empno=&empno;
DBMS_OUTPUT.PUT_LINE('员工姓名:' || v_ename);
EXCEPTION
WHEN NO_DATA_FOUND THEN
DBMS_OUTPUT.PUT_LINE('请输入正确的员工号!');
END;
```

运行结果:

```
(输入 empno 的值):7369
员工姓名:Marth
```

在这个例子中输入一个员工的工号,有匹配的员工号,将显示该员工的姓名,但如果没有匹配的员工号时,将引发异常处理,显示"请输入正确的员工号!"。

注意：

当使用 DBMS_OUTPUT.PUT_LINE 系统包输出数据或消息时，必须要将 SQLplus 的环境变量 SERVEROUTPUT 设置为 ON。

5.2.3　PL/SQL 数据类型

在 PL/SQL 程序中定义变量、常量和参数时，必须要为它们指定 PL/SQL 数据类型；在编写 PL/SQL 时，可以使用标量类型、属性类型、参照类型和复合类型等。如表 5-1 所示。

表 5-1　PL/SQL 数据类型

标量类型			
BINARY_DOUBLE	BINARY_FLOAT	BINARY_INTEGER	FLOAT
INT	INTEGER	NUMERIC	NUMBER
CHAR	CHARACTER	LONG	LONG RAW
NCHAR	ROWID	STRING	VARCHAR
YARCHAR2	BOLLEAN	DATE	
属性类型			
%TYPE		%ROWTYPE	
参照类型			
REF CURSOR		REF object_type	
复合类型			
BFILE	BLOG	CLOB	NCLOB

除了表中列出的数据类型外，从 Oracle 9i 开始，Oracle 还增加了一些日期时间类型，如 TIMESTAMP、TIMESTAMP WITH ZONE 等，详细细节可以参看 Oracle PL/SQL 相关用户手册。

标量变量是指只能存放单个数值的变量。标量变量是在编写 PL/SQL 程序时最常用的变量。变量数据类型非常丰富，包括数字类型、字符类型、日期类型和布尔类型等。

5.2.4　标量类型

1. VARCHAR2(n)

用于定义可变长度的字符串，其中 n 用于指定字符串的最大长度，其最大值为 32767 字节。在定义表的列类型时，其值的长度不超过 2000 字节。

2. CHAR(n)

定义固定长度的字符串，其中 n 最大值为 32767 字节。如果不指定 n 的值，n 默认为 1。

3. NUMBER(p,s)

定义固定长度的整数和浮点数，其中 p 用于指定数字的总位数，s 用于指定小数点后的数字位数。

4. DATE

定义日期和时间类型，其长度固定为7字节。当给其变量赋值时要与日期的格式和日期语言匹配。

5. TIMESTAMP

定义日期和时间数据。复制方法和DATE类型的赋值方法一致，但当显示TIMESTAMP变量数据时，不仅会显示日期，而且还会显示时间、上下午标志和时区。

6. BOOLEAN

定义布尔变量，其变量的值为TRUE、FALSE或NULL。

注意：

表的列类型不能定义为BOOLEAN类型。

当在块的定义部分定义了标量变量后，在执行部分和异常部分可以引用这些标量变量。变量赋值时等号前面要加冒号。

例5-2 计算员工的工资所得税。

```
DECLARE
    v_ename VARCHAR2(20);
    v_sql NUMBER(6,2);
    c_tax_rate CONSTANT NUMBER(3,2) :=0.03;
    v_tax_sal NUMBER(6,2);
BEGIN
    SELECT ename, sal INTO v_ename, v_sal
    FROM scott. emp WHERE empno=&empno;
    v_tax_sal :=v_sal * c_tax_rate;
    DBMS_OUTPUT. PUT_LINE('员工姓名:' || v_ename);
    DBMS_OUTPUT. PUT_LINE('员工工资:' || v_sal);
    DBMS_OUTPUT. PUT_LINE('所得税:' || v_tax_sal);
END;
```

运行结果：

```
(输入 empno 的值):7369
员工姓名:Marth
员工工资:2000
所得税:60
```

如果定义v_ename变量长度不够，或者员工号列的长度发生改变，超过v_ename的长度，系统将提示“字符串缓冲区太小”，为了提高程序的可用性，降低PL/SQL程序的维护工作量，可以使用%TYPE属性定义变量，程序会按照数据库列或其他变量来确定新变量的类型和长度。

注意：

为了提高PL/SQL的可读性，可以用“--”表示单行注释；使用“/ * …… * /”来编写多行注释。

例 5-3　使用了%TYPE 属性计算员工的工资所得税。

```
DECLARE
    v_ename scott. emp. ename%type;  --记录员工姓名
    v_sal NUMBER(6,2);  --记录了员工工资
    c_tax_rate CONSTANT NUMBER(3,2) :=0.03;  --设置所得税税率
    c_tax_sal NUMBER(6,2);  --计算后的所得税
BEGIN
    /*******************************************
    输入员工编号通过计算输出员工所得税
    *******************************************/
    SELECT ename INTO v_ename, sal INTO v_sal,
    FROM scott. emp WHERE empnp=&empno;
    v_tax_sal :=v_sal * c_tax_rate;
    DBMS_OUTPUT. PUT_LINE('员工姓名:' || v_ename);
    DBMS_OUTPUT. PUT_LINE('员工工资:' || v_sal);
    DBMS_OUTPUT. PUT_LINE('所得税:' || v_tax_sal);
```

运行结果：

```
(输入 empno 的值):7369
员工姓名:Marth
员工工资:2000
所得税:60
```

5.3　PL/SQL 控制结构

PL/SQL 不仅能嵌入 SQL 语句，还能处理各种基本的控制结构，包括顺序结构、条件分支结构(IF、CASE)及循环结构(如 LOOP 等)等。下面简要介绍这几种结构的编写方法。

5.3.1　IF 语句

IF 语句语法如下：

```
IF condition THEN
    statements;
[ELSIF condition THEN
    statements;]
[ELSE
    statements;]
END IF;
```

注意：

ELSIF 是一个单词，END IF 是两个单词，condition 是逻辑表达式，其值为 TRUE 则

执行 statements，否则退出本次选择分支。

例 5-4 为工资小于 2000 元的员工增加工资 200 元。

```
DECLARE
    v_sal NUMBER(6,2);
BEGIN
    SELECT sql INTO v_sal FROM scott. emp WHERE ename-trim('&ename');
    IF v_sal<2000 THEN
        UPDATE scott. emp SET sal=v_sal+200 WHERE ename=TRIM('&ename');
    END IF;
END;
```

运行结果：

(输入 ename 的值)：JAMES

输入员工名后，SQL 语句得到该员工的工资，然后判断该工资是否小于 2000，条件成立就增加 200 元工资。

例 5-5 按照不同的部分更新员工的工资。

```
DECLARE
    v_dep NUMBER(6,2);
    v_sal NUMBER(6,2);
BEGIN
    SELECT deptno, sal INTO v_dep, v_sal FROM scott. emp WHERE ename=trim('ename');
    IF v_dep=10 THEN
        UPSATE scott. emp SET sal=v_sql+200 WHERE deptno=10;
    ELSIF v_dep=20 THEN
        UPDATE scott. emp SET sal=v_sal+100 WHERE deptno=20;
    ELSE
        UPDATE scott. emp SET sal=v_sal+50 WHERE deptno!=10 AND deptno!=20;
    END IF;
END
```

运行结果：

(输入 ename 的值)：JAMES

输入员工名后，SQL 语句得到该员工的工资和部门编号，然后更新员工的工资。

5.3.2 CASE 语句

执行多重条件分支操作可以使用 CASE 语句来完成，CASE 语句比 IF 语句更加简洁、更加高效。CASE 语句处理多重条件分支有两种方法：

1. 在 CASE 语句中使用单一条件

语法如下：

```
CASE selector
```

```
    WHEN expression1 THEN sequence_of_statement1;
    WHEN expression2 THEN sequence_of_statement2;
    …
    WHEN xpression3 THEN sequence_of_statement3;
    [ELSE sequence_of_statementN+1;]
END CASE;
```

其中，selector 用于指定条件选择符；expression 用于指定条件值的表达式；sequence_of_statement 用于指定要执行的条件操作，如果所有条件都不满足，则会执行 ELSE 后的语句。

例 5-6 更新相应部门员工的补贴。

```
DECLARE
    v_deptno scott.emp.deptno%TYPE;
BEGIN
    v_depto :=%deptno;

    CASE v_deptno
    WHEN 10 THEN
    UPDATE scott.emp SET comm=100 WHERE deptno=v_deptno;
    WHEN 20 THEN
        UPDATE scott.emp SET comm=80 WHERE deptno=v_deptno;
    WHEN 30 THEN
        UPDATE scott.emp SET comm=60 WHERE deptno=v_deptno;
    ELSE
        DBMS_OUTPUT.PUT_LINE("不存在该部门");
    END CASE;
END;
```

运行结果：

```
(输入 deptno 的值):10
```

2. 在 CASE 语句中使用多种条件

语法如下：

```
CASE
    WHEN search_condition1 THEN sequence_of_statement1;
    WHEN search_condition2 THEN sequence_of_statement2;
    … …
    WHEN search_conditionN THEN sequence_of_statementN;
    [ELSE sequence_of_statementN+1;]
END CASE;
```

其中，search_condition1 用于指定当满足特定条件时要执行的操作。如果所有条件都得不到满足，则会执行 ELSE 后的语句。

例 5-7 依据不同的工资金额来更新员工的补贴。

```
DECLARE
    v_sal scott.emp.sal%TYPE;
    v_ename scott.emp.ename%TYPE;
BEGIN
    SELECT ename, sal INTO v_ename, v_sal FROM scott.emp WHERE empno=&empno;
    CASE
        WHEN v_sal<2000 THEN
            UPDATE scott.emp SET comm=100 WHERE ename=v_ename;
        WHEN v_sal<3000 THEN
            UPDATE scott.emp SET comm=80 WHERE ename=v_ename;
        WHEN v_sal<4000 THEN
            UPDATE scott.emp SET comm=50 WHERE ename=v_ename;
    END CASE;
END;
```

运行结果：

```
(输入 empno 的值):7369
```

5.3.3 循环语句

在 PL/SQL 块中要重读执行一条语句或者一组语句，可以使用循环控制结构，该结构有三种语句，分别是 LOOP 循环、WHELE 循环和 FOR 循环。

1. LOOP 循环

LOOP 循环的语法如下：

```
LOOP
    statement1
    ……
    EXIT [WHEN condition1];
END LOOP;
```

在使用该语句时，无论条件是否满足，语句至少会执行一次。当 condition 条件为 TRUE 时，会退出循环，执行 END LOOP 之后的语句。要注意的是，一定要包含 EXIT 语句，否则会陷入死循环。

例 5-8 使用 LOOP 循环。

```
DECLARE
    I INT :=1;
BEGIN
    LOOP
        DBMS_OUTPUT.PUT_LINE(i);
        I := i+1;
        EXIT WHEN i=10;
```

```
    END LOOP;
END;
```

2. WHILE 循环

LOOP 循环至少要执行一次循环体内的语句，而对于 WHILE 循环来说，只有满足循环条件，才会执行循环体内的语句。其语法如下：

```
WHILE condition LOOP
    statement1;
    statement2;
    ……
    END LOOP;
```

只有当 condition 为 TRUE 时，才会执行循环体内的语句；而当 condition 的值为空或 NULL 时，会退出循环，执行 END LOOP 之后的语句。

例 5-9　使用 WHILE 循环。

```
DECLARE
    I INT := 1;
BEGIN
    WHILE i<10 LOOP
    DBMS_OUTPUT. PUT_LINE(i);
    I := i+1;
    END LOOP;
END;
```

3. FOR 循环

使用 FOR 循环时，不像 LOOP 循环和 WHILE 循环一样要显示定义循环控制变量，它的循环控制变量由 Oracle 隐含定义，且只能是 NUMBER 类型。其语法如下：

```
FOR counter IN [REVERSE] lower_bound……upper_bound LOOP
    statement1;
    statement2;
    ……
END LOOP;
```

counter 是循环控制变量，lower_bound、upper_bound 分别对应于循环控制变量的上界值和下界值。默认情况下，当使用 FOR 循环时，每次循环变量会自动增一，如果指定了 REVERSE 选项，那么每次循环变量会自动减一。

例 5-10　使用 FOR 循环。

```
DECLARE
     I INT := 1;
BEGIN
    FOR I IN 1…10 LOOP
    DBMS_OUTPUT. PUT_LINE(i);
```

```
    END LOOP;
END;
```

5.4 异常处理

即使是写得最好的 PL/SQL 程序也会发生错误或遇到未预料到的事件。一个优秀的程序应该能够正确处理各种出错情况，并尽可能从错误中恢复，这些错误包括 Oracle 错误(报告为 ORA-xxxxx 形式的 Oracle 错误号)、PL/SQL 运行错误或用户自定义错误。当然了，PL/SQL 编译错误不能通过 PL/SQL 异常处理来处理，因为这些错误发生在 PL/SQL 程序执行之前。

Oracle 提供异常情况(EXCEPTION)和异常处理(EXCEPTION HANDLER)来实现错误处理。异常处理是用来处理正常执行过程中未预料的事件。PL/SQL 程序块一旦发生异常而没有指出如何处理时，就会自动终止整个程序运行。

有三种类型的异常错误：

1. 预定义 (Predefined)错误

Oracle 预定义的异常情况大约有 24 个。对这种异常情况的处理，无需在程序中定义，由 Oracle 自动将其引发。

2. 非预定义 (Predefined)错误

其他标准的 Oracle 错误。对这种异常情况的处理，需要用户在程序中定义，然后由 Oracle 自动将其引发。

3. 用户定义(User_define) 错误

程序执行过程中，出现编程人员认为的非正常情况。对这种异常情况的处理，需要用户在程序中定义，然后显式地在程序中将其引发。

异常处理部分一般放在 PL/SQL 程序体的后半部分，结构为：

```
EXCEPTION
    WHEN first_exception THEN   <code to handle first exception >
    WHEN second_exception THEN   <code to handle second exception >
    WHEN OTHERS THEN   <code to handle others exception >
END;
```

异常处理可以按任意次序排列，但 OTHERS 必须放在最后。

5.4.1 处理预定义异常

预定义异常是 PL/SQL 所提供的系统内部异常。当 PL/SQL 应用程序违反了 Oracle 规则或系统限制时，则会隐含地触发一个内部异常，表 5-2 是常见的预定义说明的部分 Oracle 异常错误。

表 5-2　预定义说明的部分 Oracle 异常错误

错误号	异常错误信息名称	说　　明
ORA-0001	Dup_val_on_index	违反了唯一性限制
ORA-0051	Timeout-on-resource	在等待资源时发生超时
ORA-0061	Transaction-backed-out	由于发生死锁，事务被撤消
ORA-1001	Invalid-CURSOR	试图使用一个无效的游标
ORA-1012	Not-logged-on	没有连接到 Oracle
ORA-1017	Login-denied	无效的用户名/口令
ORA-1403	No_data_found	SELECT INTO 没有找到数据
ORA-1422	Too_many_rows	SELECT INTO 返回多行
ORA-1476	Zero-divide	试图被零除
ORA-1722	Invalid-NUMBER	转换一个数字失败
ORA-6500	Storage-error	内存不够引发的内部错误
ORA-6501		内部错误
ORA-6502	Value-error	转换或截断错误
ORA-6504	Rowtype-mismatch	宿主游标变量与 PL/SQL 变量有不兼容行类型
ORA-6511	CURSOR-already-OPEN	试图打开一个已处于打开状态的游标
ORA-6530	Access-INTO-null	试图为 null 对象的属性赋值
ORA-6531	Collection-is-null	试图将 Exists 以外的集合(collection)方法应用于一个 null PL/SQL 表上或 varray 上
ORA-6532	Subscript-outside-limit	对嵌套或 varray 索引的引用超出声明范围以外
ORA-6533	Subscript-beyond-count	对嵌套或 varray 索引的引用大于集合中元素的个数

5.4.2　处理自定义异常

自定义异常是指 PL/SQL 开发人员所定义的异常。自定义异常与 Oracle 错误没有任何关联，它是由开发人员为特定情况定义的异常。自定义异常必须是显示触发，使用自定义异常的步骤包括定义异常、显式触发异常和引用异常。

用户定义的异常错误是通过显式使用 RAISE 语句来触发。

(1)在 PL/SQL 块的定义部分定义异常情况。

(2)RAISE <异常情况>。

(3)在 PL/SQL 块的异常情况处理部分对异常情况做出相应的处理。

5.5 游标

游标是内存中的一块区域,存放的是 SELECT 的结果。

游标用来处理从数据库中检索的多行记录(使用 SELECT 语句)。利用游标,程序可以逐个地处理和遍历一次检索返回的整个记录集。

为了处理 SQL 语句,Oracle 将在内存中分配一个区,这就是上下文区。这个区包含了已经处理完的行数、指向被分析语句的指针,整个区是查询语句返回的数据行集。游标就可以当作是指向上下文区的句柄或指针。

Oracle 有两种游标:

1. 显示游标(需要明确定义)

显示游标被用于处理返回多行数据的 SELECT 语句,游标名通过 CURSOR…IS 语句显示地赋给 SELECT 语句。

在 PL/SQL 中处理显示游标所必需的四个步骤:

(1)声明游标。

```
CURSOR cursor_name IS select_statement
```

(2)为查询打开游标。

```
OPEN cursor_name
```

(3)取得结果放入 PL/SQL 变量中。

```
FETCH cursor_name INTO list_of_variables;
FETCH cursor_name INTO PL/SQL_record;
```

(4)关闭游标。

```
CLOSE cursor_name
```

注意:

在声明游标时,select_statement 不能包含 INTO 子句。当使用显示游标时,INTO 子句是 FETCH 语句的一部分。

2. 隐式游标

所有的隐式游标都被假设为只返回一条记录。

使用隐式游标时,用户无需进行声明、打开及关闭。PL/SQL 隐含地打开、处理,然后关掉游标。

例如:

```
......
SELECT studentNo, studentName
INTO curStudentNo, curStudentName
FROM StudentRecord
```

```
WHERE name='gg';
```

上述游标自动打开，并把相关值赋给对应变量，然后关闭。执行完后，PL/SQL 变量 curStudentNo、curStudentName 中已经有了值。

5.5.1 使用游标更新或删除数据

通过使用显示游标，不仅可以一行一行地处理 SELECT 语句结果，而且也可以更新或删除当前游标的数据。注意，如果要通过游标更新或删除数据，在定义游标时一定要带有 for UPDATE 子句，语法如下：

```
cursor cursor_name(parameter_name datatype) is select_statement for updae [of column_reference]
[nowait];
```

其中，for update 子句用于在游标结果集数据上加上共享锁，以防止其他用户在相应行上执行 DML 操作；当 SELECT 语句要引用到多张表时，使用 of 子句可以确定哪些表要加锁，如果没有 of 子句，则会在 select 语句所引用的全部表上加锁；nowait 用于指定不等待锁。

为了更新或删除当前游标行数据，必须在 UPDATE 或 DELETE 语句中引用 WHERE current of 子句，语法如下：

```
UPDATE table_name set column=.. WHERE current of cursor_name;
DELETE from table_name WHERE current of cursor_name;
```

1. 使用游标更新数据

```
DECLARE
  cursor temp_cursor is select name,address,id from cip_temps for update;
  v_name cip_temps.name%type;
  v_address cip_temps.ADDRESS%type;
  v_id cip_temps.id%type;
  BEGIN
  open temp_cursor;
  LOOP
  fetch temp_cursor into v_name,v_address,v_id;
  EXIT when temp_cursor%NOTFOUND;
  IF(v_id>4) then
  UPDATE cip_temps set name='name'||to_char(v_id),address='address'||to_char(v_id)
WHERE current of temp_cursor;
  END IF;
  END LOOP;
  close temp_cursor;
  END;
  DECLARE
  cursor temp_cursor is SELECT name,address,id from cip_temps for update;
  v_name cip_temps.name%type;
```

```
v_address cip_temps. ADDRESS%type;
v_id cip_temps. id%type;
BEGIN
open temp_cursor;
LOOP
fetch temp_cursor into v_name, v_address, v_id;
EXIT when temp_cursor%NOTFOUND;
IF(v_id>4) then
UPDATE cip_temps set name='name'||to_char(v_id), address='address'||to_char(v_id) where
current of temp_cursor;
END IF;
END LOOP;
close temp_cursor;
END;
```

2. 使用游标删除数据

```
DECLARE
cursor temp_cursor is SELECT name, address, id from cip_temps for update;
v_name cip_temps. name%type;
v_address cip_temps. ADDRESS%type;
v_id cip_temps. id%type;
BEGIN
open temp_cursor;
LOOP
fetch temp_cursor into v_name, v_address, v_id;
EXIT when temp_cursor%NOTFOUND;
IF(v_id>2) then
DELETE from cip_temps where current of temp_cursor;
END IF;
END LOOP;
close temp_cursor;
END;
DECLARE
cursor temp_cursor is select name, address, id from cip_temps for update;
v_name cip_temps. name%type;
v_address cip_temps. ADDRESS%type;
v_id cip_temps. id%type;
BEGIN
open temp_cursor;
LOOP
fetch temp_cursor into v_name, v_address, v_id;
EXIT when temp_cursor%NOTFOUND;
```

```
IF(v_id>2) then
DELETE from cip_temps where current of temp_cursor;
END IF;
END LOOP;
close temp_cursor;
END;
```

5.5.2 游标的 FOR 循环

我们可以在平常写代码时发现,游标通常与循环联合使用。实际上,PL/SQL 还提供了一种将两者综合在一起的语句,即游标 FOR 循环语句。游标 FOR 循环是显式游标的一种快捷使用方式,它使用 FOR 循环依次读取结果集中的数据。当 FOR 循环开始时,游标会自动打开(不需要使用 OPEN 语句),每循环一次,系统自动读取游标当前行的数据(不需要使用 FETCH 语句),当退出 FOR 循环时,游标被自动关闭(不需要使用 CLOSE 语句)。

FOR 循环的语法如下:

```
FOR cursor_record in cursor_name LOOP
statements;
END LOOP;
```

这个 FOR 循环将不断地将行读入变量 CURSOR_RECORD 中,在循环中也可以存取 CURSOR_RECORD 中的字段。

例如,下面的示例使用游标 FOR 循环实现查询 EMP 表中的数据。

```
SQL> set serveroutput on
SQL> DECLARE
CURSOR emp_cursor is
SELECT * from emp
WHERE deptno=10;
BEGIN
FOR r in emp_cursor loop
dbms_output.put(r.empno || ' ');
dbms_output.put(r.ename || ' ');
dbms_output.put(r.job || ' ');
dbms_output.put_line(r.sal);
END LOOP;
END;
/
7782 CLARK MANAGER 2450
7839 KING PRESIDENT 5000
7934 MILLER CLERK 1300

PL/SQL 过程已成功完成
```

注意：

在使用游标FOR循环时，一定不能使用OPEN语句、FETCH语句和CLOSE语句，否则将产生错误。

小　结

本章简要地介绍了PL/SQL的基础内容和使用技巧。首先介绍了PL/SQL的基本知识，然后由浅入深地介绍了PL/SQL编程及其实例。PL/SQL中异常处理部分，包括处理预定义异常、处理自定义异常；游标的处理方式包括打开游标，读取游标里面的数据，关闭游标。

作　业

以下作业使用到的表分别是scott. emp、scott.dept。

1. 编写PL/SQL块，输入员工名，删除该员工的信息，并使用SQL游标属性确定删除了几行数据。

2. 编写PL/SQL块，输入部门号，依据下述条件更新该部门员工的工资。

如果部门号为10，其员工工资增加10%；

如果部门号为30，其员工工资增加8%；

如果部门号为20，其员工工资增加50%；

如果部门号不存在，则显示“该部门不存在”。

3. 编写PL/SQL块，使用参数游标输入部门号，显示该部门每个员工的信息。

4. 编写PL/SQL块，输入部门号，删除该部门的信息，并处理可能出现的错误。

如果成功删除，则显示“该部门被删除……”；

如果该部门不存在，则显示消息“该部门不存在”；

如果违反了完整性约束，则显示消息“该部门有员工不能删除”。

第 6 章　Oracle PL/SQL 高级特性

学习目标

- 掌握 PL/SQL 操作 LOB 数据类型
- 了解触发器
- 了解常用系统包
- 掌握自定义包

PL/SQL 只针对 Oracle，是 SQL 过程语言的扩展。它将 SQL 数据库语言与一个过程程序设计语言结合在一起。此程序设计语言基于称为块的单元，块中包含 SQL 和 PL/SQL语句。创建 PL/SQL 块之后，Oracle 对其进行编译并将其存储在数据库中。PL/SQL 与 Oralce 服务器集成在一起。大多数的 PL/SQL 数据类型在 Oracle 中可以使用。PL/SQL 提供了一个特殊的属性，即通过输入%TYPE 可给一个内部的 PL/SQL 变量赋予与表列所定义的相同的数据类型。

6.1　触发器

触发器(TRIGGER)是指存放在数据库中，并被隐含执行的存储过程。Oracle 10g 不仅支持 DML 触发器，也能基于系统事件和 DDL 操作建立触发器，以下简要介绍如何建立各类触发器。

6.1.1　触发器简介

触发器是许多关系数据库系统都提供的一项技术。在 Oracle 系统里，与触发器类似的过程和函数，都有声明、执行和异常处理过程的 PL/SQL 块。

6.1.2　触发器类型及组成

触发器在数据库里以独立的对象存储，它与存储过程和函数不同的是，存储过程与函数需要用户显示调用才执行，而触发器是由一个事件来启动运行，即触发器是当某个事件发生时自动地隐式运行。并且，触发器不能接收参数。运行触发器就叫触发或点火(firing)。Oracle 事件指的是对数据库的表进行的 INSERT、UPDATE 及 DELETE 操作或对视图进行类似的操作。Oracle 将触发器的功能扩展到了触发 Oracle 事件，如数据库的启动与关闭等。所以触发器常用来完成由数据库的完整性约束难以完成的复杂业务规则的约束，或用来监视对数据库的各种操作，实现审计的功能。

1. DML 触发器

Oracle 可以通过 DML 语句进行触发，可以在 DML 操作前或操作后进行触发，并且可以对每个行或语句操作进行触发。

2. 替代触发器

由于在 Oracle 里，不能直接对由两个以上的表建立的视图进行操作，所以给出了替代触发器。它是 Oracle 8 专门进行视图操作的一种处理方法。

3. 系统触发器

Oracle 8i 提供了第三种类型的触发器，叫系统触发器。它可以在 Oracle 数据库系统的事件中进行触发，如 Oracle 系统的启动与关闭等。

4. 触发器组成

触发事件：引起触发器被触发的事件。例如：DML 语句（INSERT、UPDATE、DELETE 语句对表或视图执行数据处理操作）、DDL 语句（如 CREATE、ALTER、DROP 语句在数据库中创建、修改、删除模式对象）、数据库系统事件（如系统启动或退出、异常错误）、用户事件（如登录或退出数据库）。

触发时间：即该 TRIGGER 是在触发事件发生之前（BEFORE）还是之后（AFTER）触发，也就是触发事件和该 TRIGGER 的操作顺序。

触发操作：即该 TRIGGER 被触发之后的目的和意图，正是触发器本身要做的事情。例如：PL/SQL 块。

触发对象：包括表、视图、模式、数据库。只有在这些对象上发生了符合触发条件的触发事件，才会执行触发操作。

触发条件：由 WHEN 子句指定一个逻辑表达式。只有当该表达式的值为 TRUE 时，遇到触发事件才会自动执行触发器，使其执行触发操作。

触发频率：说明触发器内定义的动作被执行的次数。即语句级（STATEMENT）触发器和行级（ROW）触发器。

语句级触发器：是指当某触发事件发生时，该触发器只执行一次。

行级触发器：是指当某触发事件发生时，对受到该操作影响的每一行数据，触发器都单独执行一次。

编写触发器时，需要注意以下几点：

（1）触发器不接收参数。

（2）一个表上最多可有 12 个触发器，但同一时间、同一事件、同一类型的触发器只能有一个；并且各触发器之间不能有矛盾。

（3）在一个表上的触发器越多，对在该表上进行 DML 操作的性能影响就越大。

（4）触发器最大为 32KB。若确实需要，可以先建立过程，然后在触发器中用 CALL 语句进行调用。

（5）在触发器的执行部分只能用 DML 语句，不能使用 DDL 语句。

（6）触发器中不能包含事务控制语句（COMMIT、ROLLBACK、SAVEPOINT），因为触发器是触发语句的一部分，触发语句被提交、回退时，触发器也被提交、回退了。

（7）在触发器主体中调用的任何过程、函数，都不能使用事务控制语句。

(8)在触发器主体中不能声明任何 long 和 blob 变量。新值 new 和旧值 old 也不能是表中的任何 long 和 blob 列。

(9)不同类型的触发器(如 DML 触发器、INSTEAD OF 触发器、系统触发器)的语法格式和作用有较大区别。

6.1.3　创建触发器

创建触发器的一般语法是：

```
    CREATE [OR REPLACE] TRIGGER trigger_name
    {BEFORE | AFTER }
    {INSERT | DELETE | UPDATE [OF column [, column …]]}
    [OR {INSERT | DELETE | UPDATE [OF column [, column …]]} …]
    ON [schema.]table_name | [schema.]view_name
    [REFERENCING {OLD [AS] old | NEW [AS] new| PARENT as parent}]
    [FOR EACH ROW ]
    [WHEN condition]
PL/SQL_BLOCK | CALL procedure_name;
```

BEFORE 和 AFTER 指出触发器的触发时序分别为前触发和后触发方式，前触发是在执行触发事件之前触发当前所创建的触发器，后触发是在执行触发事件之后触发当前所创建的触发器。

FOR EACH ROW 选项说明触发器为行触发器。行触发器和语句触发器的区别表现在：行触发器要求当一个 DML 语句操作影响数据库中的多行数据时，对于其中的每个数据行，只要它们符合触发约束条件，均激活一次触发器；而语句触发器将整个语句操作作为触发事件，当它符合约束条件时，激活一次触发器。当省略 FOR EACH ROW 选项时，BEFORE 和 AFTER 触发器为语句触发器，而 INSTEAD OF 触发器则只能为行触发器。

REFERENCING 子句说明相关名称，在行触发器的 PL/SQL 块和 WHEN 子句中可以使用相关名称参照当前的新、旧列值，默认的相关名称分别为 NEW 和 OLD。在触发器的 PL/SQL 块中应用相关名称时，必须在它们之前加冒号，但在 WHEN 子句中则不能加冒号。

WHEN 子句说明触发约束条件。Condition 为一个逻辑表达时，其中必须包含相关名称，但不能包含查询语句，也不能调用 PL/SQL 函数。WHEN 子句指定的触发约束条件只能用在 BEFORE 和 AFTER 行触发器中，不能用在 INSTEAD OF 行触发器和其他类型的触发器中。

当一个基表被修改(INSERT、UPDATE、DELETE)时，要执行的存储过程会根据其所依附的基表改动而自动触发，因此与应用程序无关，用数据库触发器可以保证数据的一致性和完整性。

触发器触发次序如下。

(1)执行 BEFORE 语句级触发器。

(2)对受语句影响的每一行:

执行 BEFORE 行级触发器;

执行 DML 语句;

执行 AFTER 行级触发器。

(3)执行 AFTER 语句级触发器。

6.1.4 创建 DML 触发器

触发器名与过程名和包的名字不一样,它是单独的名字空间,因而触发器名可以和表或过程有相同的名字,但在同一个模式中触发器名不能相同。

1. DML 触发器的限制

CREATE TRIGGER 语句文本的字符长度不能超过 32KB。

触发器体内的 SELECT 语句只能为 SELECT … INTO …结构,或者为定义游标所使用的 SELECT 语句。

触发器中不能使用 COMMIT、ROLLBACK、SVAEPOINT 等数据库事务控制语句。

由触发器所调用的过程或函数也不能使用数据库事务控制语句。

触发器中不能使用 LONG、LONG RAW 类型。

触发器内可以参照 LOB 类型列的列值,但不能通过 :NEW 修改 LOB 列中的数据。

2. DML 触发器基本要点

触发时机:指定触发器的触发时间。如果指定为 BEFORE,则表示在执行 DML 操作之前触发,以便防止某些错误操作发生或实现某些业务规则;如果指定为 AFTER,则表示在执行 DML 操作之后触发,以便记录该操作或做某些事后处理。

触发事件:引起触发器被触发的事件,即 DML 操作。既可以是单个触发事件,也可以是多个触发事件的组合(只能使用 OR 逻辑组合,不能使用 AND 逻辑组合)。

条件谓词:当在触发器中包含多个触发事件的组合时,为了分别针对不同的事件进行不同的处理,需要使用 Oracle 提供如下条件谓词。

(1)INSERTING:当触发事件是 INSERT 时,取值为 TRUE,否则为 FALSE。

(2)UPDATING [(column_1,column_2,…,column_x)]:当触发事件是 UPDATE 时,如果修改了 column_x 列,则取值为 TRUE,否则为 FALSE。其中 column_x 是可选的。

(3)DELETING:当触发事件是 DELETE 时,则取值为 TRUE,否则为 FALSE。

解发对象:指定触发器是创建在哪个表上、哪个视图上。

触发类型:是语句级触发器还是行级触发器。

触发条件:由 WHEN 子句指定一个逻辑表达式,只允许在行级触发器上指定触发条件,指定 UPDATING 后面的列的列表。

例 6-1 建立一个触发器,当职工表 emp 表被删除一条记录时,把被删除记录写到职工表删除日志表中去。

```
CREATE TABLE emp_his AS SELECT * FROM EMP WHERE 1=2;
CREATE OR REPLACE TRIGGER tr_del_emp
```

```
    BEFORE DELETE --指定触发时机为删除操作前触发
    ON scott. emp
    FOR EACH ROW   --说明创建的是行级触发器
BEGIN
    --将修改前数据插入到日志记录表 del_emp ,以供监督使用
    INSERT INTO emp_his(deptno , empno, ename , job ,mgr , sal , comm , hiredate )
VALUES( :old. deptno, :old. empno, :old. ename , :old. job, :old. mgr, :old. sal, :old. comm, :old. hiredate );
END;
DELETE emp WHERE empno=7788;
DROP TABLE emp_his;
DROP TRIGGER del_emp;
```

例 6-2　限制对 departments 表修改的时间范围,即不允许在非工作时间修改 departments 表。

```
CREATE OR REPLACE TRIGGER tr_dept_time
BEFORE INSERT OR DELETE OR UPDATE
ON departments
BEGIN
IF (TO_CHAR(sysdate,'DAY') IN ('星期六', '星期日')) OR (TO_CHAR(sysdate, 'HH24:MI') NOT BETWEEN '08:30' AND '18:00') THEN
RAISE_APPLICATION_ERROR(-20001, '不是上班时间,不能修改 departments 表');
END IF;
END;
```

例 6-3　限定只对部门号为 80 的记录进行行触发器操作。

```
    CREATE OR REPLACE TRIGGER tr_emp_sal_comm
    BEFORE UPDATE OF salary, commission_pct
        OR DELETE
    ON HR. employees
    FOR EACH ROW
    WHEN (old. department_id = 80)
    BEGIN
    CASE
        WHEN UPDATING ('salary') THEN
            IF :NEW. salary < :old. salary THEN
                RAISE_APPLICATION_ERROR(-20001, '部门 80 的人员的工资不能降');
            END IF;
        WHEN UPDATING ('commission_pct') THEN
            IF :NEW. commission_pct < :old. commission_pct THEN
                RAISE_APPLICATION_ERROR(-20002, '部门 80 的人员的奖金不能降');
    END IF;
        WHEN DELETING THEN
```

```
        RAISE_APPLICATION_ERROR(-20003, '不能删除部门 80 的人员记录');
    END CASE;
END;
```

6.1.5 创建系统事件触发器

Oracle 10g 提供的系统事件触发器可以在 DDL 或数据库系统上被触发。DDL 指的是数据定义语言，如 CREATE 、ALTER 及 DROP 等。而数据库系统事件包括数据库服务器的启动或关闭、用户的登录与退出、数据库服务错误等。创建系统触发器的语法如下：

```
CREATE OR REPLACE TRIGGER [sachema.]trigger_name
{BEFORE| AFTER}
{ddl_event_list | database_event_list}
ON { DATABASE | [schema.]SCHEMA }
[WHEN condition]
PL/SQL_block | CALL procedure_name;
```

其中：ddl_event_list，一个或多个 DDL 事件，事件间用 OR 分开；database_event_list，一个或多个数据库事件，事件间用 OR 分开。

系统事件触发器既可以建立在一个模式上，也可以建立在整个数据库上。当建立在模式(SCHEMA)之上时，只有模式所指定用户的 DDL 操作和它们所导致的错误才能激活触发器，默认时为当前用户模式。当建立在数据库(DATABASE)之上时，该数据库中所有用户的 DDL 操作和他们所导致的错误，以及数据库的启动和关闭均可激活触发器。要在数据库之上建立触发器时，要求用户具有 ADMINISTER DATABASE TRIGGER 权限。

6.1.6 管理触发器

(1)显示触发器信息(通过数据字典 USER_TRIGGERS 进行查看)。

```
SQL>SELECT * FROM user_triggers WHERE table_name='EMP';
```

(2)禁用触发器(使用触发器时暂时失败)。

```
SQL>ALTER TRIGGER tr_check_sal DISABLE;
```

(3)激活触发器(使触发器重新生效)。

```
SQL>ALTER TRIGGER tr_check_sal ENABLE;
```

(4)禁止或激活表的所有触发器。

```
SQL>ALTER TABLE emp DISABLE ALL TRIGGERS;
SQL>ALTER TABLE emp ENABLE ALL TRIGGERS;
```

(5)重新编译触发器。

```
SQL>ALTER TRIGGER tr_check_sal COMPILE;
```

(6)删除触发器。

```
SQL>DROP TRIGGER tr
```

6.2 程序包

包是用于逻辑组合相关的 PL/SQL 类型(如索引表和记录类型)、PL/SQL 项(如游标和游标变量)和 PL/SQL 子程序(如过程和函数)。通过使用 PL/SQL 包,不仅可以简化应用设计,提高应用性能,而且可以实现信息的屏蔽、子程序的重载等功能。

6.2.1 内置程序包

Oracle 的内置程序包,扩展了数据库的功能,一般具有 sys 权限的高级管理人员才能使用。一个典型的程序包如 DBMS_OUTPUT,可以使用它的 PUT_LINE 过程输出信息。Oracle 提供的常用程序包如下。

- DBMS_ALERT:支持数据库时间的异步通知。
- DBMS_STANDARD:提供语言工具。
- DBMS_DDL:某些 DDL 命令的 PL/SQL 等效项。
- CALEDAR:提供日历维护功能。
- DBMS_LOB:操纵 Oracle 的 LOB 数据。
- DBMS_OUTPUT:在 SQL * PLUS 或服务管理器中提供屏幕输出。
- DBMS_ROWID:允许从 ROWID 获得信息。
- DBMS_SESSION: ALTER SESSION 的 PL/SQL 等效项。
- DBMS_SQL:动态 PL/SQL 和 SQL。

1. DBMS_OUTPUT

DBMS_OUTPUT 程序包允许显示 PL/SQL 块和子程序的输出结果。PUT 和 PUT_LINE 过程将信息输出到 SGA 中的缓冲区。要显示缓冲区的信息需要设置 SET SERVEROUTPUT ON。

- PUT:用于将一个信息存储在缓冲区中。
- PUT_LINE:用于将一个信息存储在缓冲区中,后接一个换行结束标记。
- NEW_LINE:NEW_LINE 没有参数。它用于向缓冲区中添加换行符。换行符充当结束标记。

例 6-4 使用 DBMS_OUTPUT 包输出九九乘法表。

```
SQL>SET SERVEROUT ON
SQL>BEGIN
    DBMS_OUTPUT.PUT_LINE("打印九九乘法表");
    FOR i IN 1……9 LOOP
        FOR j IN 1……9 LOOP
            DBMS_OUTPUT.PUT(i||'*'||j||'='||i*j);
            DBMS_ OUTPUT.PUT(' ');–输出一点空隙
```

```
END LOOP;
DBMS_OUTPUT. NEW_LINE;
END LOOP;
END;
```

运行结果如图 6-1 所示。

```
1*1=1
1*2=2   2*2=4
1*3=3   2*3=6   3*3=9
1*4=4   2*4=8   3*4=12  4*4=16
1*5=5   2*5=10  3*5=15  4*5=20  5*5=25
1*6=6   2*6=12  3*6=18  4*6=24  5*6=30  6*6=36
1*7=7   2*7=14  3*7=21  4*7=28  5*7=35  6*7=42  7*7=49
1*8=8   2*8=16  3*8=24  4*8=32  5*8=40  6*8=48  7*8=56  8*8=64
1*9=9   2*9=18  3*9=27  4*9=36  5*9=45  6*9=54  7*9=63  8*9=72  9*9=81
```

图 6-1 使用 DBMS_OUTPUT 包输出九九乘法表

2. DBMS_LOB

DBMS_LOB 程序包含用于处理大型对象的过程和函数。在 Oracle 中，LOB 分为以下几种类型：BLOB(二进制大对象)、CLOB(字符大对象)和 BFILE(外部存储的二进制文件)。DBMS_LOB 包常用的一些函数和过程如下：

- GETLENGTH：此函数返回指定的 BLOB、CLOB 或 BFILE 的长度。
- INSTR：此函数从 LOB 数据中查找子串。
- READ：此过程从 LOB 数据中读取指定长度数据到缓冲区。
- SUBSTR：此函数从 LOB 数据中读取子串。
- WRITE：此过程用于将指定数量的数据写入 LOB。

6.2.2 建立包

包由包头和包体两部分组成。包头也称为包规范，建立包时首先要建立包规范，然后建立包体。

1. 建立包规范

包规范实际是包与应用程序之间的接口，用于定义包的公用组件，包括常量、变量、游标、过程和函数等。在此定义的公用组件不仅可以在包内引用，而且也可以在包外被其他子程序引用。语法如下：

```
CREATE [OR REPLACE] PACKAGE package_name
IS | AS
public type and item declaration
subprogram specifications
END pacjage_name;
```

其中，pacjage_name 用于指定包名；以 IS 或 AS 开始的部分用于定义公共组件。

例 6-5　定义包头。

```
CREATE OR REPLACE PACKAGE emp_package
IS
    g_depno NUMBER:=20;--全局变量
    PROCEDURE dire_employee(eno NUMBER);--公有过程
    FUNCTION get_sal(eno NUMBER) RETURN NUMBER;--公有函数
END emp_package;
```

在包规范 emp_package 中定义了一个公用组件、一个变量、两个存储过程和一个函数。包规范制定了过程和函数的头部,函数和过程的执行代码在包体中定义。

2. 建立包体

包体用于实现包头定义的过程和函数。在包体中,用户可以单独定义私有组件,如变量、常量、过程和函数等。这些私有组件只能在包内使用,不能被包以外的其他子程序引用。建立包体的语法如下:

```
CREATE [OR REPLACE] PACKAGE BODY package_name
IS | AS
private type and item declarations
subprogram bodies
END package_name;
```

其中,package_name 用于指定包体名;以 IS 或 AS 开始的部分用于定义私有组件。注意,包体和包头的名称必须相同。

例 6-6　建立包体 emp_package。

```
CREATE OR REPLACE PACKAGE BODY emp_package
IS
--删除员工记录的存储过程
PROCEDURE dire_employee(eno NUMBER)
IS
BEGIN
    DELETE FRO scott. emp WHERE empno=eno;
    IF SQL%NOTFOUND THEN
        RAISE_APPLICATION_ERROR(-20012,'该雇员不存在!');
    END IF;
    END fire_employee;
--通过员工编号获得员工工资的函数
FUNCTION get_sal(eno NUMBER)RETURN NUMBER
IS
v_sal scott. emp. sal%TYPE;
BEGIN
    SELECT sal INTO v_sal FROM scott. emp WHERE empni=eno;
    RETURN v_sal;
EXCEPTION
```

```
    WHEN NO_DATA_FOUND THEN
        RAISE_APPLICATION_ERROR(-20000,'该雇员不存在!');
END get_sal;
END emp_package;
```

6.2.3 使用包

对于包的私有组件,只能在包内调用;而对于包的公用组件,既可以在包内调用,也可以在其他应用程序中调用。当在其他应用程序中调用包的组件,必须要加包名或组件名作为前缀。

当在其他应用程序中调用公共函数或过程时,必须要在函数或过程前加包名作为前缀,由于函数只能作为表达式的一部分来调用,所以包定义变量来接受函数的返回值。

例 6-7 调用 emp_package 程序包的过程。

```
SQL>BEGIN
    emp_package. fire_employee(73);
    END;
```

例 6-8 调用 emp_package 程序包的函数。

```
SQL>SELECT emp_packahe. get_sal(7369)FORM dual;
SQL>SELECT emp_packahe. get_sal(-1)FORM dual;
```

通过 DROP PACKAGE emp_package 命令可以删除包。

小 结

本章主要介绍了触发器和程序包。触发器是指存放在数据库中,并被隐含执行的存储过程,它由触发事件、触发条件和触发操作三部分组成;触发器可分为语句级触发器和行级触发器。程序包主要作用是简化我们的操作,隐藏具体的实现,简化程序的设计,提高程序的性能。

作 业

1. 建立过程 add_emp,添加员工信息,并使用触发器自动产生员工编号,其他信息由参数传入。

2. 在 scott. emp 表上针对 INSERT、UPDATE 和 DELETE 操作,建立触发器 tr_upda_emp,满足以下规则:

只能在非休息日对 scott. emp 表进行 INSERT、UPDATE 和 DELETE 操作,否则显示自定义错误信息"ORA-20003;只能在工作日对 scott. emp 表进行修改";

只能在 9:00—17:00 对 scott. emp 表进行 INSERT、UPDATE 和 DELETE 操作,否则显示自定义错误信息"ORA-20004;只能在工作日对 scott. emp 表进行维护"。

3. 建立包 emp_c_package，包含一个添加员工工资的过程和一个查询员工工资函数。过程必须满足以下规则：

如果部门号为 10，则员工工资增加 10%；

如果部门号为 30，则员工工资增加 8%；

如果部门号为 20，则员工工资增加 50%。

4. 建立包 emp_package，包含一个存储过程，输入部门号，删除该部门的信息，并处理可能出现的错误。

如果成功删除，则显示“该部门被删除……”；

如果该部门不存在，则显示自定义的错误信息“ORA-2005：部门不存在”。

第7章 Oracle 备份与恢复

学习目标

- 了解 Oracle 数据库的备份
- 了解 Oracle 数据库的恢复

在数据库系统中，由于人为操作或自然灾害可能造成数据丢失或被破坏，从而给用户造成巨大损失。Oracle 数据库提供了备份与恢复机制，从而可以使用户放心地使用。其中，备份是将数据信息保存起来，恢复是将原来备份的数据信息还原到数据库中。

数据库备份是对数据库信息的一种操作系统备份。这些信息可能是数据库的物理结构文件，也可能是某一部分数据。在数据库正常运行时，就应该考虑到数据库可能出现故障，对数据库实施有效的备份，就可以对数据库进行恢复。数据库恢复是基于数据库备份的。数据库恢复的方法取决于故障类型、备份方法。

在不同条件下需要使用不同的备份与恢复方法，某种条件下的备份信息只能由对应方法进行还原或恢复。

备份与恢复主要有三种方法;逻辑备份与恢复、随机备份与恢复、联机备份与恢复。

• 逻辑备份与恢复:用 Oracle 提供的实用工具软件，如导出/导入工具(exp、imp)，数据泵导入、导出工具(impdp、expdp)，装入器(SQL * Loader)，将数据库中的数据进行备份与恢复。

• 随机备份与恢复:指在关闭数据库的情况下对数据库文件的物理备份与恢复，是最简单、最直接的方法，也称为冷备份与恢复。

• 联机备份与恢复:指在数据库处于打开的状态下(归档模式)对数据库进行的备份与恢复。该方法在不关闭数据库服务器的情形下使用，也称热备份与恢复。

7.1 备份与恢复

1. 使用数据泵进行逻辑备份和恢复

逻辑备份与恢复具有多种方式(数据库级、表空间级和表级)，可实现不同操作系统之间、不同 Oracle 版本之间的数据库传输。在此介绍使用数据泵进行逻辑备份与恢复的方法。

在以前的 Oracle 版本中，可以使用 exp 和 imp 程序进行导出/导入数据。在 Oracle 10g 中，又增加了 expdp 和 impdp 程序来进行导出/导入数据，并且 expdp 和 impdp 比 exp 和 imp 速度更快。导出数据指将数据库中的数据导出到一个物理文件中，导入数据指将物理文件的数据导入到数据库中。

使用 expdp 和 impdp 实用程序时，导出文件只能存放在目录对象指定的操作系统目录中。用 CREATE Directory 语句创建目录对象，它指向操作系统中的某个目录。语法格式为：

```
CREATE Directory Object_name as 'directory_name'
```

其中，Object_name 为目录对象名，directory_name 为操作系统路径。

目录对象指向后面的操作系统路径。创建目录对象并授予对象权限，举例如下：

```
SQL>connect sys/System
SQL>create directory dir_frist as 'e:\\diro1'
SQL>create directory dir_second as 'e:\\diro2'
SQL>grant read, write ondirectory dir_frist to scott;
SQL>grant read, write ondirectory dir_ second to scott;
```

使用 expdp 导出数据：

expdp 程序的所在路径为“Oracle 安装目录……\\product\\11. 1. 0\\db_1\\BIN”。

expdp 语句的格式为：

```
expdp username/password param1, param2 ...
```

其中，usname 为用户名，password 为用户密码。

例 7-1　导出数据。

```
create directory dir_frist as 'e:\\dir01'
grant read, write on directory dir_frist to scott;
```

（1）导出表。

```
expdp scott/tiger DIRECTORY=dri_first DUMPFILE=tab. dmp TABLES=dept, emp
```

（2）导出方案。

```
expdp scott/tiger DIRECTORY=dri_first DUMPFILE=schema. dmp
SCHEMAS=system, scott
```

（3）导出表空间。

```
expdp system/manager DIRECTORY=dir_frist DUMPFILE=tablespace. dmp
TABLESPACE=user01, user02
```

（4）导出数据库。

```
expdp system/manager DIRECTORY=dir_frist DUMPFILE=full. dmp FULL=Y
```

使用 impdp 导入数据：

impdp 程序的所在路径为：“Oracle 安装目录……\\product\\11. 1. 0\\db_1\\BIN”。

impdp 语句的格式为：

```
impdpusername/password param1, param2
```

其中，usname 为用户名，password 为用户密码。

例 7-2 导入数据。

(1)将 dept 和 emp 导入到 SCOTT 方案中。

```
impdp scott/tiger DIRECTORY=dir_frist DUMPFILE=tab.dmp TABLE=dept,emp
```

(2)将 scott 下的表 dept 和 emp 导入到 SYSTEM 下。

```
impdp system/manage DIRECTORY=dir_frist DUMPFILE=tab.dmp
TABLES=scott.dept,scott.emp REMAP_SCHEMA=SCOTT:SYSTEM
```

2. 一致性备份

(1)查询要备份的数据文件和控制文件。

```
SELECT name FROM v$datafile
    UION
SELECT name FROM v$contrilfile;
```

(2)关闭数据库。

(3)复制所要备份的文件到备份目录。

3. 非一致性备份(只适用于归档模式)

(1)查询要备份的数据文件。

```
SELECT name FROM v$datafile
```

(2)将数据库设置为备份状态。

```
ALTER DATABASE BEGIN BACKUP
```

(3)复制数据文件到备份目录。

(4)备份控制文件。

```
ALTER DATABASE BACKUP CONTROLFILE TO 'd:\\controlfile.ctl';
```

(5)结束数据库备份,为确保数据文件备份的同步性,还应该归档当前日志组。

```
ALTER DATABASE END BACKUP;
ALTER SYSTEM ARCHIVE LOG CURRENT;
```

4. 备份表空间

脱机备份步骤如下:

(1)确定表空间所包含的数据文件。

```
SELECT file_name FROM dba_data_files WHERE tablespace_name='USERS';
```

(2)设置表空间为脱机状态。

```
ALTER TABLESPACE USERS OFFLINE;
```

(3)复制数据文件到备份目录。

(4)设置表空间为联机状态。

```
ALTER TABLESPACE USERS ONLINE;
```

联机备份步骤如下:

（1）确定表空间所包含的数据文件。

```
SELECT file_name FROM dba_data_files WHERE tablespace_name='USERS';
```

（2）设置表空间为备份模式。

```
ALTER TABLESPACE USERS BEGIN BACKUP;
```

（3）复制相应的数据文件到备份目录。

（4）设置表空间为正常模式。

```
ALTER TABLESPACE USERS END BACKUP;
```

5. 处理联机备份失败

当执行联机备份时，如果出现例程失败，那么执行STARTUP启动数据库时，会显示如下信息：

```
DRA-01113:文件4需要介质恢复
ORA-01110:数据文件4:'d:\\demo\\users01.dbf'
```

如果数据文件仍然处于联机备份状态，那么在打开数据库时会显示错误信息，为了打开数据库，必须要结束这些数据文件的联机备份，具体步骤如下：

（1）查看归档。

```
ARCHIVE LOG LIST;
```

（2）关闭数据库。

```
SHUTDOWN IMMEDIATE;
```

（3）启用归档模式。

```
ALTER DATABASE ARCHIVELOG;
```

（4）打开数据库。

```
ALTER DATABASE OPEN;
```

（5）启用存档。

```
ARCHIVE LOG START;
```

（6）查看存档。

```
ARCHIVE LOG START;
```

（7）开始备份。

```
ALTER TABLESPACE USERS BEGIN BACKUP;
```

（8）结束备份。

```
ALTER TABLESPACE USERS END BACKUP;
```

6. 备份只读表空间

（1）确定处于READ ONLY状态下的表空间。

```
SELECT tablespace_name FROM dba_tablespaces WHERE status='READ ONLY';
```

(2)确定只读表空间包含的数据文件。

```
SELECT file_name FROM dba_data_files WHERE tablespace_name='QUERY';
```

(3)复制只读表空间的数据文件到备份目录。因为只读表空间的数据文件不会发生任何变化,所以可以直接备份。

7. 备份控制文件

(1)建立控制文件副本。

```
ALTER DATABASE BACKUP CONTROLFILE TO 'd:\\backup\\ctifile. ctl';
ALTER DATABASE BACKUP CONTROLFILE TO 'd:\\backup\\ctifile. ctl' REUSE;
```

(2)备份到跟踪文件。

```
ALTER DATABASE BACKUP CONTROLFILE TO TRACE;
```

(3)确定跟踪文件名称,跟踪文件名称的格式为:

```
<SID>_ora_<SPID>. trc;
```

(4)确定跟踪文件的位置。

```
SHOW PARAMETER user_dump_dest;
```

8. 备份其他文件

(1)备份归档日志。

在归档模式下,物理恢复要用到归档日志,为确保恢复可以顺利进行,还应该备份归档日志。备份归档日志时,首先要确定需要备份的归档日志,然后复制到备份目录,示例如下:

```
--备份一天前的日志
SELECT name FROM v$archived_log WHERE dest_id=1 AND first_time>=SYSDATE-1;
```

(2)备份参数文件。

```
CREATE PFILE = 'd:\\backup\\pfilemydb.ora' FROM SPFILE = '%Oracle_HOME%\\DATABASE\\SPFILEMYDB. ORA';
```

(3)备份口令文件。

口令文件可以直接 COPY 到备份目录就行。

```
SQL>HOST COPY %Oracle_HOME\\DATABASE\\PWDM
    YDB. ORA D:\\BACKUP;
```

7.2 用户管理的完全恢复

1. 存储数据文件到其他磁盘

当数据文件出现介质失败后,在执行 SQL 恢复命令之前,必须使用 OS 命令复制数据文件。如果数据文件被误删除，那么可以将备份文件复制到原有目录；但如果数据文件所在磁盘出现损坏，那么必须将数据文件备份复制到其他磁盘。

（1）在 MOUNT 状态下改变数据的位置。

```
ALTER DATABASE RENAME FILE 'D:\\DEMO\\USERS01\\DBF' TO 'E:\\DEMO\\US-
ER01. DBF'
```

在此命令前，必须确保目标文件已经存在。

（2）在 OPEN 状态下改变数据文件的位置。

在该状态下，既可以使用 ALTER TABLESPACE DATAFILE 命令，也可以使用 ALTER DATABASE RENAME FILE 命令来改变数据文件位置。

- 该状态下不能修改 SYSTEM 表空间的数据文件位置。
- 在修改数据文件位置之前，必须确保目标文件存在。
- 在修改数据文件位置之前，必须先使得表空间或数据文件脱机。

```
SQL>ALTER DATABASE 'D:DEMO\\USER01. DBF' OFFLINE;
SQL>HOST COPY d:\\backup\\users01. dbf e:\\demo;
SQL>ALTER TABLESPACE USERS RENAME
    DATAFILE 'D:DEMO\\USERS01. DBF' TO 'E:\\DEMO\\USERS01. DBF';
```

2. 完全恢复命令

当使用用户管理的完全恢复时，在将数据文件复制到目标路径之后，还需要使用 RECOVER DATABASE、RECOVER TABLESPACE 或 RECOBER DATAFILE 三种命令应用归档日志和重做日志。

（1）RECOVER DATABASE 命令只能在 MOUNT 状态下运行。如果要在 MOUNT 状态下恢复数据文件，并且有多个数据文件损坏，那么可以使用该命令进行恢复。示例如下：

```
SQL>RECOVER DATABASE;
```

（2）RECOVER TABLESPACE 命令只能在 OPEN 状态下运行。该命令用于恢复一个或多个表空间的所有数据文件，示例如下：

```
SQL>RECOVER TABLESPACE USERS, SYSTEM;
```

（3）RECOVER DATAFILE 命令可以在 MOUNT 和 OPEN 状态下运行。当执行该命令时，既可指定数据文件名称，也可指定数据文件编号，示例如下：

```
SQL>RECOVER DATAFILE 'D:\\DEMO\\USERS01. DBF';
或者
SQL>RECOVER DATAFILE 4,5;
```

3. 应用归档日志

（1）使用 Oracle 建议的归档日志位置。当执行完全恢复命令时，如果不指定归档位置，Oracle 会提供建议应用归档日志的位置，并显示提示信息，如下所示：

```
SQL>RECOVER DATAFILE 5;
```

(2)指定归档日志位置。如果在默认位置下不存在归档日志,那么当执行完全恢复命令时,可以指定归档日志所在位置,示例如下:

```
SQL>RECOVER FROM 'C:ARCHIVELOG' DATAFILE 5;
```

(3)自动应用归档日志。如果完全恢复所需的归档日志存放在特定归档目录中,那么可以使服务器进程自动应用归档日志,如下所示:

```
SQL>RECOVER AUTOMATIC DATAFILE 5;
```

4. 查看恢复文件

(1)列出需要恢复的数据文件。

```
SELECT file#, error, change# FROM v$recover_file;
```

(2)列出恢复要使用的归档日志。

```
SELECT sequence#, archive_name FROM v$recovery_log;
```

5. 恢复未备份的数据文件

(1)查看需要恢复的文件。

```
SELECT file#, error FROM v$recover_file;
```

(2)使文件脱机。

```
ALTER DATABASE DATAFILE 6 OFFLINE;
```

(3)打开数据库。

```
ALTER DATABASE OPEN;
```

(4)重新建立数据文件。因为没有备份,所以需要重新创建一个数据文件。如果原文件所在磁盘没有损坏,则可以在原来位置建立数据文件副本,示例如下:

```
SQL>ALTER DATABASE CREATE DATALINE
    'D:Oralce\\PRODUCT\\10.1.0\\ORADATA\\MYDB\\TEST_TBS.DBF';
```

如果原文件所在磁盘损坏,则需要在其他位置建立文件副本,示例如下:

```
SQL>ALTER DATABASE CREATE DATAFILE
    'D:Oralce\\PRODUCT\\10.1.0\\ORADATA\\MYDB\\TEST_TBS.DBF';
    AS
    'E:\\ORADATA\\MYDB\\TEST_TBS.DBF';
```

(5)恢复数据文件。

```
SQL>RECOVER DATAFILE 6;
```

(6)使数据文件联机。

```
SQL>ALTER DATABASE DATAFILE 6 ONLINE;
```

7.3　用户管理的不完全恢复

1. 不完全恢复命令

(1)RECOVER DATABASE UNTIL TIME,该命令用于执行基于时间的不完全恢复,并且在指定时间点时必须要复合日期格式 YYYY-MM-DD HH24:MI:SS。当执行基于时间点的不完全恢复时,必须确保在特定时间点之前的所有归档日志和重做日志全部存在。

(2)RECOVER DATABASE UNTIL CHANGE,该命令用于执行基于 SCN 的不完全恢复。当执行该命令时,必须确保在特定 SCN 之前的所有归档日志和重做日志全部存在。

(3)RECOVER DATABASE UNTIL CANCEL,该命令用于执行基于取消的不完全恢复,当执行该命令时,如果发现所需要的归档日志或重做日志不存在,那么指定 CACEL 选项取消恢复。

(4)RECOVER DATABASE……USING BACKUP CONTROLFILE,该命令用于执行基于备份控制文件的不完全恢复。在执行该命令之前,通过查看 ALTER 文件可以确定误操作的时间点和 SCN 值,然后可以根据时间点或 SCN 值进行恢复。

2. 基于时间恢复

(1)确认要恢复的时间点。

(2)关闭数据库。

注意:

为防止不完全恢复失败,在关闭数据库之前建议对数据库做完全备份。

(3)装载数据库。

```
SQL>START MOUNT;
```

(4)复制所有数据文件备份。为了将数据库恢复到过去时间点,必须复制所有数据文件备份,并且备份文件的时间必须在恢复点之前,用如下语句可查看备份时间:

```
SQL>SELECT file#, TO_CHAR(time, 'yyyy-mm-dd hh24:mi:ss')
    FROM v$recover_file;
```

(5)执行 RECOVER DATABASE UNTIL TIME 命令。

```
SQL>RECOVER DATABASE UNTILL TIME'2009-01-02 17:23:10';
```

(6)以 RESETLOGS 方式打开数据库。

```
SQL>ALTER DATABASE OPEN RESETLOGS;
```

(7)备份数据库所有数据文件和控制文件。当以 RESETLOGS 方式打开数据库之后,会重新建立重做日志,清空原重做日志的所有内容,并将日志序列号复位为 1,可以通过 ARCHIVE LOG LIST 查看当前日志序列号。

```
--归档当前日志组
```

```
SQL>ALTER DATABASE BEGIN BACKUP;
SQL>HOST COPY D:\\ORDATE\\SYSTEM01. DBF E:\\BACKUP
SQL>ALTER DATABASE END BACKUP;
SQL>ALTER DATABASE BACKUP CONTROLFILE TO
    'E:\\BACKUP\\CTLFILE. CTL' REUSE;
SQL>ALTER SYSTEM ARCHIVE LOG CURRENT;
```

3. 基于SCN恢复

基于SCN的恢复需要知道要恢复到的SCN号,假如要恢复到SCN号为99999。

(1)关闭数据库。

(2)装载数据库。

(3)复制备份文件。备份文件的SCN值必须小于要恢复到的SCN值,复制数据备份文件后,可通过如下语句查看备份的SCN号:

```
SQL>SELECT FILE#,CHANGE# FROM V$RECOVER_FILE;
```

(4)RECOVER DATABASE UNTIL CHANG命令执行完全恢复。

```
SQL>RECOVER DATABASE UNTIL CHANGE 9999;
```

(5)以RESETLOGS方式打开数据库。

```
SQL>ALTER DATABASE OPEN RESTLOGS;
```

(6)备份数据库所有数据文件和控制文件。当以RESETLOGS方式打开数据库之后,会重新建立重做日志,清空原重做日志的所有内容,并将日志序列号复位为1,可以通过ARCHIVE LOG LIST查看当前日志序列号。

```
–归档当前日志组
SQL>ALTER DATABASE BEGIN BACKUP;
SQL>HOST COPY D:ORADATE\\SYSTEM01. DBF E:\\BACKUP
SQL>ALTER DATABASE END BACKUP;
SQL>ALTER DATABASE BACKUP CONTROFILE TO 'E:\\BACKUP\\CTLFILE. CYL' RE-
USE;
SQL>ALTER SYSTEM ARCHIVE LOG CURRENT;
```

4. 基于取消恢复

基于取消恢复是指将数据库恢复到特定日志序列号之前的状态。当因丢失归档日志或重做日志完全恢复失败时,可以使用这种恢复方法执行不完全恢复。假定在日志序列号为10时数据文件USER01. DBF出现了介质失败,并且在执行完全恢复时显示了如下错误信息:

```
SQL>RECOVER DATAFILE 4;
```

运行结果:

```
ORA-00308:cannot open archived log 'd: \\demo\\archive\\8_1_537902587. log'
ORA-27041:unable to open file
ORA-04002:unable to open file
```

O/S-Error:(OS 2)系统找不到指定的文件

如上所示,错误原因是不能定位归档日志 8_1_537902587.log。但是数据文件 USER01.DBF 包含了非常重要的数据,并且该文件必须恢复,在这样的情况下,可以使用基于取消的不完全恢复方法,尽可能降低损失,具体步骤如下:

(1)关闭数据库。

(2)装载数据库。

(3)复制备份文件。当复制文件数据备份文件时,必须确保备份文件的 SCN 值小于要恢复到日志序列号的起始 SCN 值,复制文件之后,可以通过如下语句查询备份文件的 SCN 值。

```
SQL>SELECT file#,change# FROM v$recover_file;
```

(4)通过如下语句,可以确定特定日志序列号对应的起始 SCN 值。

```
SELECT MAX(FIRST_CHANGE#)FROM V$LOG_HISTORY WHERE SEQUENCE#=8;
```

(5)执行 RECOVER DATABASE UNTIL CANCEL 命令恢复数据库。

```
SQL>RECOVER DATABASE UNTIL CANCEL;
```

如果归档日志在默认位置下存在,那么直接回车应用归档日志,遇到不存在的归档日志 8_1_537902587.log 时,输入 CANCEL 取消恢复。

(6)以 RESETLOGS 方式打开数据库。

(7)备份数据库所有数据文件和控制文件。当以 RESETLOGS 方式打开数据库之后,会重新建立重做日志,清空原重做日志的所有内容,并将日志序列号复位为 1,可以通过 ARCHIVE LOG LIST 查看当前日志序列号。

```
--归档当前日志组
SQL>ALTER DATABASE BEGIN BACKUP;
SQL>HOST COPY  D:\\ORADATE\\SYSTEM01.DBF E:\\BACKUP
SQL>ALTER DATABASE END BACKUP;
SQL>ALTER DATABASE END CONTROLFILE TO
'E:\\BACKUP\\CTLFILE.CTL' REUSE;
SQL>ALTER SYSTEM ARCHIVE LOG CURRENT;
```

5. 基于备份控制文件恢复

基于备份控制文件恢复是指使用备份控制文件恢复数据库的过程。当误删了表空间或者数据库所有控制文件全部损坏时,可以使用这种恢复方法。下面以模拟 DBA 用户误删表空间 USERS 为例。

(1)因为当前控制文件没有包含该表空间的信息,所以必须使用备份控制文件恢复被误删除的表空间,通过查看 ALERT 文件,可以确定误删除的时间。

(2)关闭数据库。

(3)复制所有数据文件和控制文件。

(4)装载数据库。

(5)当执行不完全恢复时,必须确保数据文件备份的时间点在恢复时间点之前,通过如下语句可以确定备份时间点：

```
SQL>SELECT file#,TO_CHAR(time,'yyyy-mm-dd hh24:mi:ss') FROM v$recover_file;
```

（6）执行 RECOVER DATABASE……USING BACKUP CONTROLFILE 命令。

```
SQL>RECOVER DATABASE UNTIL TIME '2007-08-24 19:56:33'
    USING BACKUP CONTROLFILE;
```

（7）以 RESETLOGS 方式打开数据库。

（8）备份数据库所有数据文件和控制文件。当以 RESETLOGS 方式打开数据库之后，会重新建立重做日志，清空原重做日志的所有内容，并将日志序列号复位为 1，可以通过 ARCHIVE LOG LIST 查看当前日志序列号。

```
--归档当前日志组
SQL>ALTER DATABASE BEGIN BACKUP;
SQL>HOST COPY D:\\ORADATE\\SYSTEM01.DBF E:\\BACKUP;
SQL>ALTER DATABASE END BACKUP;
SQL>ALTER DATABASE BACKUP CONTROLFILE TO 'E:\\BACKUP\\CTLFILE.CTL' RE-
USE;
SQL>ALTER SYSTEM ARCHIVE LOG CURRENT;
```

小　结

用户管理的备份与恢复也称 OS 物理备份，是指通过数据库命令设置数据库为备份状态，然后用操作系统命令，复制需要备份或恢复的文件。这种备份与恢复需要用户的参与或手动完成。

常用备份方式：一致性备份、备份表空间、处理联机备份失败、备份只读表空间。OS 物理备份分为完全恢复和不完全恢复，不完全恢复常使用基于时间恢复。

作　业

1. 使用脱机备份，备份 USERS 表空间，使用完全恢复，恢复备份的 USERS 表空间。

2. 使用联机备份，备份 SYSTEM 表空间，使用时间恢复，恢复到最后一次修改表空间。

第 8 章　Oracle 优化技术

学习目标

- 掌握 SQL 语句优化
- 掌握 I/O 操作优化
- 了解防止访问冲突

Oracle 数据库是一个多用户的大型系统，比同类的数据库更加复杂，在运行过程中可能发生变化，其中，最明显的现象如数据库查询速度变慢、I/O 时间过长以及访问冲突等。在系统运行前要做一些防范策略，日常中不断优化数据库性能。数据库性能优化的基本原则是：通过尽可能少的磁盘访问获得所需要的数据。要评价数据库的性能，需要在数据库调节前后比较其评价指标——响应时间和吞吐量之间的权衡、数据库的可用性、数据库的命中率以及内存的使用效率，以此来衡量调节措施的效果和指导调整的方向。

8.1　SQL 语句优化

在 Oracle 系统中，SQL 语句的操作占非常大的部分，因为所有操作都可以由 SQL 语句来实现。对用户来说，除了要掌握各种 SQL 语句的用法并灵活运用外，还应进一步学会优化 SQL 语句的设计，充分提高系统的资源利用率。合理的 SQL 语句会加快执行速度，最大限度地发挥数据库的性能，减轻系统的负载。

8.1.1　不合理的 SQL 语句

在实际使用中，存在许多低效的 SQL 语句，虽然操作比较简单，但是使用不合理，有必要对 SQL 语句进行优化。

例 8-1　查询部门名称为信息部和行政部的员工“姓名”“编号”。

```
SQL>SELECT empno, empname
    FROM scott. emp
    WHERE deptno
        IN(SELECT deptno FROM scott. depart WHERE deptname= '信息部')
    OR
    deptno IN(SELECT deptno FROM scott. depart WHERE deptname= '行政部');
```

比较

```
SQL>SELECT empno, empname
```

```
    FROM scott. emp
    WHERE deptno IN(SELECT deptno FROM scott. depart
        WHERE deptname= '信息部' OR deptname= '行政部');
```

两条语句获得的结果相同,但执行过程却不一样,第一条语句要执行三次 SELECT 操作,其中访问 depart 表两次;第二条语句要执行两次 SELECT 操作,仅访问 depart 表一次。显然,第二条语句执行速度要快,效率高。

8.1.2 一般优化 SQL 语句

一般情况下,数据库可以对 SQL 语句进行优化,从而达到较高的运行效率,但是如果用户在使用过程中,人工地对 SQL 语句进行优化可以更大程度地提高 SQL 的运行效率,主要表现在如下几个方面:

1. SELECT 子句中避免使用"*"

当想在 SELECT 子句中列出所有的 COLUMN 时,使用动态列引用"*"是一个简便的方法。然而,这是一个非常低效的方法。实际上,Oracle 在解析过程中,会将"*"依次转换成所有的列名,这项工作是通过查询数据字典完成的,意味着将耗费更多的时间。

2. 尽量多用 COMMIT 语句

在 PL/SQL 块中,经常将 DML 语句写在一个 BEGIN…END 块中,建议在每个块的 END 前使用 COMMIT 语句。既可以实现对象 DML 数据的及时提交,也可以同时释放事务所占资源。

3. 用 EXISTS 代替 IN

在查询数据包含关系时,许多用户喜欢用 IN 子句。实际上,IN 子句会执行表的遍历,效率非常低。所以,尽可能地用 EXISTS 代替 IN 的操作。

例 8-2 采用 IN 子句查询。

```
SQL>SELECT empno, empname
    FROM scott. emp
    WHERE deptno IN(SELECT deptno FROM scott. depart WHERE deptname='信息部')
```

例 8-3 采用 EXISTS 子句查询。

```
SQL>SELECT empno, empname
    FROM scott. emp
WHERE EXISTS (SELECT deptno FROM scott. depart d WHERE deptname='信息部' AND e.
deptno=d. deptno);
```

4. 尽量使用共享池中已有的 SQL 语句

为了不重复解析相同的 SQL 语句,在第一次解析之后,Oracle 将 SQL 语句存放在共享池(Shared Buffer Pool)的内存中,可以被所有数据库用户共享。因此,当执行一个 SQL 语句(有时候被称为一个游标)时,如果它和之前执行过的语句完全相同,Oracle 就能很快获得已经被解析的语句以及最好的执行路径。Oracle 的这个功能大大提高了 SQL 的执行性能并节省了内存的使用。

通过视图 V$SQLAREA 查看在数据字典中已执行的 SQL 语句,其中列 sql_text 记录了已执行的 SQL 语句。

例 8-4 查询已经执行的 SQL 语句。

```
SQL>SELECT sql_text FROM V$SQLAREA
```

8.1.3 优化器

优化器(optimizer)是 oracle 数据库内置的一个核心子系统。优化器的目的是按照一定的判断原则来得到它认为的目标 SQL 在当前情形下的最高效的执行路径。

1. 优化器的两种优化方式

(1)RBO 方式,即基于规则的优化方式(rule-based optimization)。优化器在分析 SQL 语句时,所遵循的是 Oracle 内部预定的一些规则。在 Oracle 7 之前,主要是使用优化器的 RBO 方式。

(2)CBO 方式,即基于代价的优化方式(cost-based optimization)。依词义可知,它是看 SQL 语句的执行代价(cost)了,这里的代价主要指 CPU 和内存的消耗。优化器在判断是否用这种方式时,主要参照的是表及索引的统计信息。这些统计信息起初在库内是没有的,是在管理员做分析后才生成的。过期的统计信息会令优化器做出错误的执行计划,因此管理员应及时更新这些统计信息。在 Oracle 8 及以后的版本中,Oracle 推荐用 CBO 方式。

2. 优化器的模式

优化器的模式用于决定在 Oracle 中解析目标 SQL 时所用优化器的优化方式。优化器的优化模式分为如下五种:

(1)RULE 模式。在该模式下,Oracle 将使用 RBO 方式来解析目标 SQL,此时目标 SQL 中所涉及的各个对象的统计信息在该模式下没有任何作用。

(2)CHOOSE 模式。在该模式下,当一个表或索引有统计信息,Oracle 选择 CBO 方式;如果表或索引没有统计信息,表又不是特别小,而且相应的列有索引时,Oracle 选择 RBO 方式。

(3)FIRST_ROWS_n 模式。这里 n 可以是 1、10、100、1000 这 4 个数中的任意一个。在该模式下,Oracle 会使用 CBO 方式来解析目标 SQL,且优化器在计算目标 SQL 的各条执行路径的执行代价时,会重点考虑执行路径返回头 n(n=1、10、100、1000)条记录的响应速度。

(4)FIRST_ROWS 模式。在该模式下,Oracle 会联合使用 CBO 方式和 RBO 方式。在大多数的情况下,FIRST_ROWS 模式与 FIRST_ROWS_n 模式相同。但是,当出现了一些特定情况时,FIRST_ROWS 转而会使用 RBO 中的一些内置的规则来选取执行路径而不再考虑执行代价。比如 Oracle 发现能用相关的索引来避免索引排序,则 Oracle 会选择该索引所对应的执行路径而不再考虑执行代价。

(5)ALL_ROWS 模式。在该模式下,Oracle 会使用 CBO 来解析目标 SQL,且优化器在计算目标 SQL 的各条执行路径的执行代价时,会重点考虑执行路径的吞吐量。

查询优化器模式和修改优化器模式分别见例 8-5 和例 8-6。

例 8-5 查询优化器模式。

```
SQL>SHOW PARAMETER optimizer_mode;
```

运行结果：

```
NAME              TYPE              VALUE
…………              …………              …………
optimizer_mode    string            ALL_ROWS
```

例 8-6 修改优化器模式。

```
SQL>ALTER SESSION SET optimizer_mode=FIRST_ROWS_100;
```

8.2 I/O操作优化

I/O操作是系统中最频繁的操作，占用大部分的时间和空间。减少I/O操作，提高I/O操作的效率，是数据库优化的主要内容。

8.2.1 调整SGA

减少磁盘I/O操作的根本方法是利用高速缓存。高速缓存是一个预先分配好的内存区，它用来存放频繁使用的数据信息。若要读取的数据在高速缓存中能找到，就不用去访问磁盘了，这样就减少了磁盘的I/O操作。

在SGA中，高速缓存包括库高速缓存、字典高速缓存和数据高速缓存。通过观察命中率和失误率，判断是否扩大SGA内存区。改变高速缓存的大小需要修改SHARED_POOL_SIZE和DB_CACHE_SIZE两个系统参数。

1. 库高速缓存

库高速缓存的性能可以通过命中率来判新。命中率的计算有两种方法，第一种方法是以V$LIBRARYCACHE动态性能表获得；第二种方法是通过脚本UTLBSTAT.sql和TULESTAT.sql产生REPORT.txt文件得到。

2. 字典高速缓存

通过观察命中率来判断数据字典的有效性。V$ROWCACHE包括了动态信息，从REPORT.txt文件也可以查询有关信息。

例 8-7 查询字典缓存的命中率。

```
SQL>SELECT sum(gets),sum(getmisses),1-(sum(getmisses))/sum(gets))
    'dictionary hit ratio' FROM V$ROWCACHE;
```

运行结果：

```
SUM(GETS)      SUM(GETMISSES)      dictionary hit datio
…………           …………                …………
510814         18958               0.962886687
```

其中，GETS表示找到对象的次数，GETSMISSES表示失误次数。

如果 ration=(getmisses/gets) * 100 大于 10%，就需要加大 SHARED_POOL_SIZE 的值。

3. 数据高速缓存

数据高速缓存的信息可以通过数据字典获得，如查询 V $ SYSSTAT、V $ SESS_IO 和 V $ SESSION。

例 8-8　查询数据高速缓存的命中率。

```
SQL>SELECT name, value FROM V $ SYSSTAT
    WHERE name IN
    ('consistent gets', 'db block gets', 'physical reads');
```

运行结果：

```
NAME                    VALUE
…………                …………
db block gets           235180
consistent gets         2013184
physical reads          42098
```

其中，db block gets 表示从缓冲区获得数据的总块数，consistent gets 表示从回滚段到获得数据的总块数，physical reads 表示从磁盘读到缓冲区的数据块数。

如果 ratio=1-(physical reads/(db block gets+consistent gets))低于 70%，则需要加大 db_cache_size 的值。

8.2.2　使用索引

索引是由 Oracle 维护的可选结构，为数据提供快速的访问。准确地判断在什么情况下需要使用索引是困难的，使用索引有利于调节检索速度。当建立一个索引时，必须指定用于跟踪的表名以及一个或多个表列。一旦建立了索引，在用户表中建立、更改和删除数据库时，Oracle 就自动地维护索引。创建索引时，下列准则将帮助用户做出决定：

(1)索引应该在 SQL 语句的“where”或“and”部分涉及的表列(也称谓词)被建立。假如 personnel 表的“firstname”表列作为查询结果显示，而不是作为谓词部分，则不论其值是什么，该表列不会被索引。

(2)用户应该索引具有一定范围的表列，索引时有一个原则：如果表中列的值占该表中行的 20%以内，那么这个表列就可以作为候选索引表列。假设一个表有 36000 行且表中一个表列的值平均分布(大约每 12000 行)，那么该表列不适合作为一个索引。然而，如果同一个表中的其他表列中列值的行在 1000～1500 之间(占 3%～4%)，则该表列可用作索引。

(3)如果在 SQL 语句谓词中多个表列被一起连续引用，则应该考虑将这些表列一起放在同一个索引内，Oracle 将维护单个表列的索引(建立在单一表列上)或复合索引(建立在多个表列上)。

1. 创建单列索引

例 8-9 创建表 scott. emp 的 empname 列索引。

```
SQL>CREATE INDEXemploy_name ON scott. emp(empname);
```

2. 创建多列索引

创建多列索引时，一般把最常用查询的列放在前面，这样能够保证每次查询时都用上索引。

例 8-10 创建 scott. emp 的 empname、empno 列复合索引。

```
SQL>CREATE INDEX employee_NoName ON scott. emp(empaname, empno);
```

3. 重建索引

建立的索引会随着表的数据变化而自动维护，但这种维护是有限的。特别地，当对表进行大量的修改、插入及删除等操作后，索引的效率将大大降低。如果再使用索引进行操作，索引不能发挥应有的作用。所以，在这种情况下要重建索引。

例 8-11 重建索引 employee_NoName。

```
SQL>ALTER INDEX employee_NoName REBUILD ONLINE;
```

8.2.3 使用数据簇

簇其实就是一组表，由一组共享相同数据块的多个表组成，将经常一起使用的表组合成簇可以提高处理效率；在一个簇中的表称为簇表。

建立顺序是：簇→簇表→簇索引→数据。

创建簇的格式：

```
CREATE CLUSTER cluster_name
(column date_type [, column datatype]...)
[PCTUSED 40 | integer] [PCTFREE 10 | integer]
[SIZE integer]
[INITRANS 1 | integer] [MAXTRANS 255 | integer]
[TABLESPACE tablespace]
[STORAGE storage]
```

其中，SIZE 指定估计的平均簇键，以及与其相关的行所需的字节数。

例 8-12 创建簇。

```
create cluster my_clu (deptno number )
pctused 60
pctfree 10
size 1024
tablespace users
storage (
initial 128 k
next 128 k
```

```
minextents 2
maxextents 20
    );
```

例 8-13　创建簇表。

```
create table t1_dept(
deptno number ,
dname varchar2 ( 20 )
)
cluster my_clu(deptno);
create table t1_emp(
empno number ,
ename varchar2 ( 20 ),
birth_date date ,
deptno number
)
cluster my_clu(deptno);
```

为簇创建索引：

```
create index clu_index on cluster my_clu;
```

注意：

若不创建簇索引，则在插入数据时报错：ORA-02032：clustered tables cannot be used before the cluster index is built。

8.3　防止访问冲突

由于磁盘只有一个磁头，某一时刻只能执行一个读写操作，当两个不同的进程同时对同一磁盘上的数据进行读写操作时会产生竞争，即访问冲突，这样会降低系统的性能。加锁是避免访问冲突的优化技术之一。

8.3.1　加锁

对数据进行加锁，在一个用户读取数据时加锁，从而防止其他用户对它进行操作。等用户操作完毕后释放锁，其他用户就可以操作数据了。加锁包括行加锁和表加锁，通过 LOCK TABLE 命令对表进行加锁来避免读取数据不一致。LOCK TABLE 语法如下：

```
LOCK TABLE 表明|视图名 IN 锁类型 MODE[NOWALT]
```

其中，锁类型有 6 种——ROW SHARE、ROW EXCLUSIVE、SHARE UPDATE、SHARE ACCESS、SHARE ROW EXCLUSIVE 和 ACCESS EXCLUSIVE，分别表示共享行锁、独占行锁、共享更新锁、共享访问、共享行独占锁和独占访问。NOWALT 表示某用户要使用该表，发现表被锁后马上返回并取消操作，而不是等待解锁后继续操作。

例 8-14　对表 scott. emp 加独占表锁。

```
SQL>LOCK TABLE scott.emp IN EXCLUSIVE MODE;
```

8.3.2 合理设计事务

在事务处理过程中，保证被读取数据的一致性非常重要。合理地设计事务处理能够改善用户对磁盘的访问性能，减少冲突，保证一致性。通过 SET TRANSACTION 命令来改变事务设置。

例 8-15 设置事务为只读状态。

```
SQL>SET TRANSACTION READ ONLY;
```

将某事务设置为只读(不可写)事务，这样整个事务中不会有修改操作，保证了数据的一致性。

8.3.3 分散文件

所有数据信息都是最终以文件形式存储在磁盘上，如果把不同类型的数据文件分散到不同磁盘上，则访问不同类型的数据时会并行访问不同磁盘。避免使用统一磁盘，能够防止访问冲突。

一个数据库系统一般有三种基本类型的数据，即表数据、日志和索引，在操作数据时经常同时操作这些数据。因此，如果把这三种类型的数据分在不同磁盘的数据文件中，则可以并行操作，从而防止冲突导致的性能下降。

例 8-16 把表数据和索引放在不同的磁盘上。

```
SQL>CREATE TABLESPACE tabdata
    DATAFILE 'E:\\ORACLEDATA\\tabdata01.dbf'
    ON LINE;
SQL>CREATE TABLESPACE inddate
    DATAFILE 'F:\\ORACLEDATA\\inddata01dbf'
    ON LINE;
SQL>CREATE TABLE department(
    departno CHAR(3) NOT NULL,
    departname VARCHAR2(30)NOT NULL,
    telephone VARCHAR2(20) NOT NULL
    )
    TABLESPACE tabdata;
SQL>CREATE INDEX depart_pk;
    ON departno
    TABLESPACE inddate;
```

小　结

Oracle 数据库是一个复杂而又先进的系统，有时候 Oracle 系统并没有想象中那样具有完美的性能，这就需要不断地优化和改进。本章从三个方面——SQL 语句、I/O 操作及防止访问冲突介绍了 Oracle 的使用技巧和优化技术。

作　业

1. 可以优化 SQL 语句的情形有哪几种？分别采用哪些优化对策？
2. 如何提高 I/O 操作的性能？
3. 访问冲突有哪些？分别采用什么策略防止冲突？

上 机 部 分

上机 1　Oracle 10g 数据库基础

上机任务

- 任务 1　配置 NET 服务
- 任务 2　使用 SQL Plus 连接到 Oracle 服务器，并执行查询操作
- 任务 3　使用 PL/SQL Devloper 连接到 Oracle 服务器

第一阶段　指　导

指导 1　配置 NET 服务

完成本任务所用到的知识点：

(1)下载并安装 Oracle 客户端软件。

(2)配置 Oracle 客户端的网络服务名。

问题

客户端如何才能连接到 Oracle 服务器?

分析

使用 SQL Plus 工具可以连接到服务器，在使用 SQL Plus 之前，需要配置 Oracle 客户端的网络服务名。

解决方案

(1)如果在安装 Oracle 10g 数据库或客户端时没有对网络服务进行配置，安装完成后可以在服务器端或客户端的程序中选择"配置和移植工具"选项中的 Net Manager，执行网络管理程序，配置网络服务连接到数据库。配置网络服务的窗口如图上机 1-1 所示。

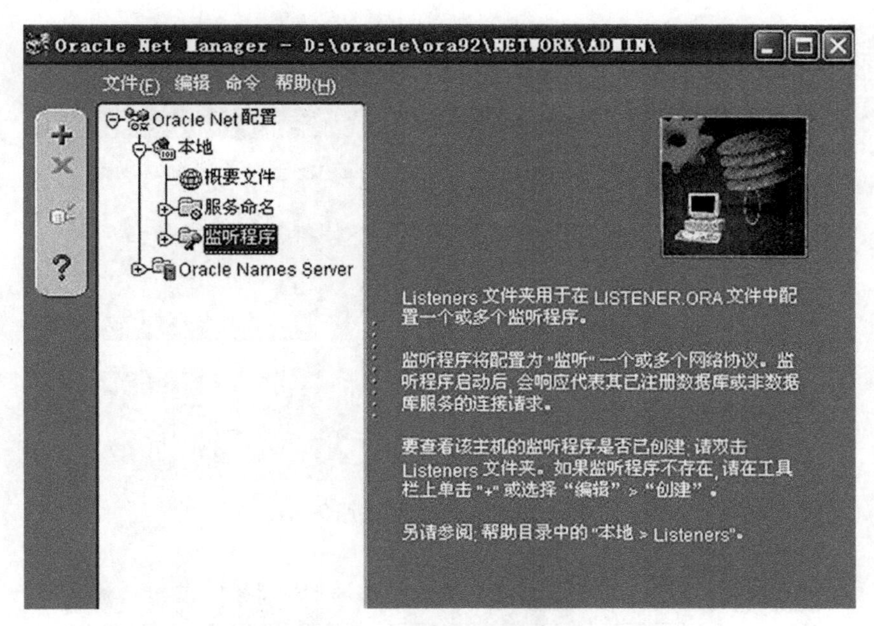

图上机 1-1　配置网格服务窗口

(2)选中"服务命名"后单机添加绿色加号"创建"按钮，如图上机 1-2 所示。

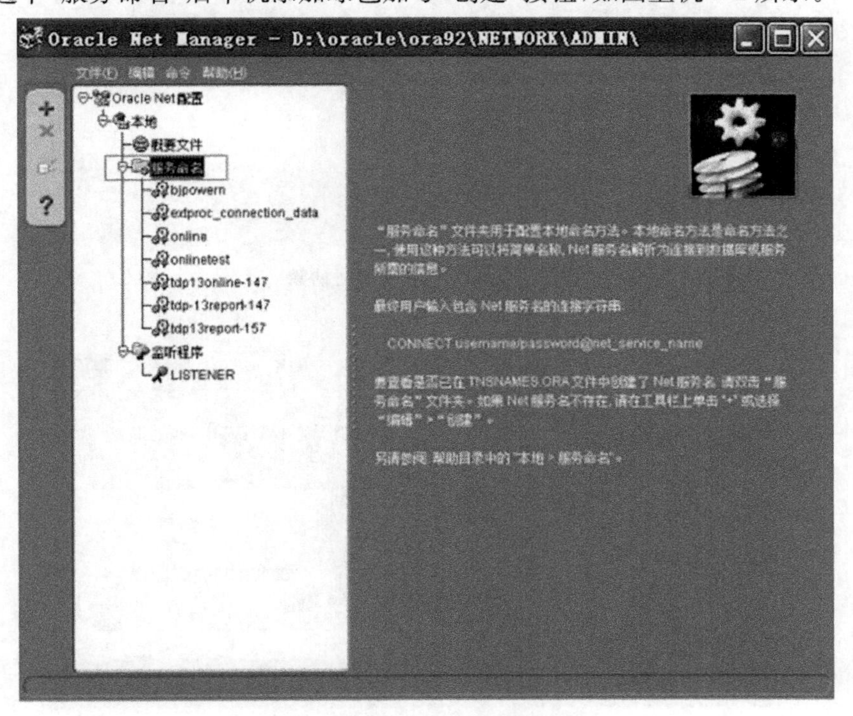

图上机 1-2　创建服务命名

(3)启动 Net 服务名向导窗口，配置的步骤如图上机 1-3、图上机 1-4、图上机 1-5、图上机 1-6、图上机 1-7 所示，设置过程与前客户端安装时网络服务名设置相似，这里不再复述。

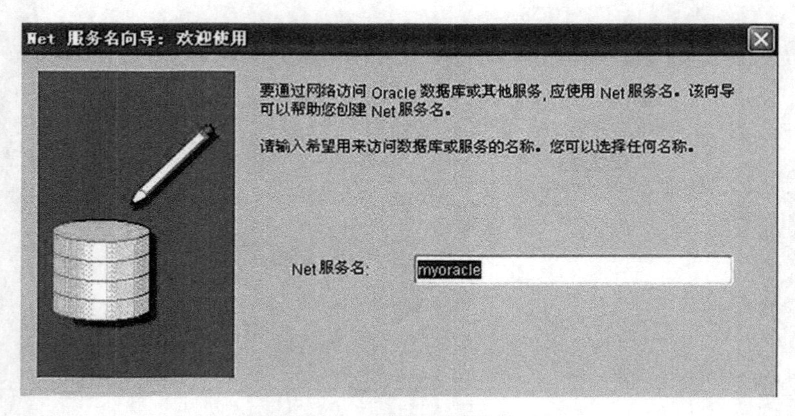

图上机 1-3　设置网络服务名

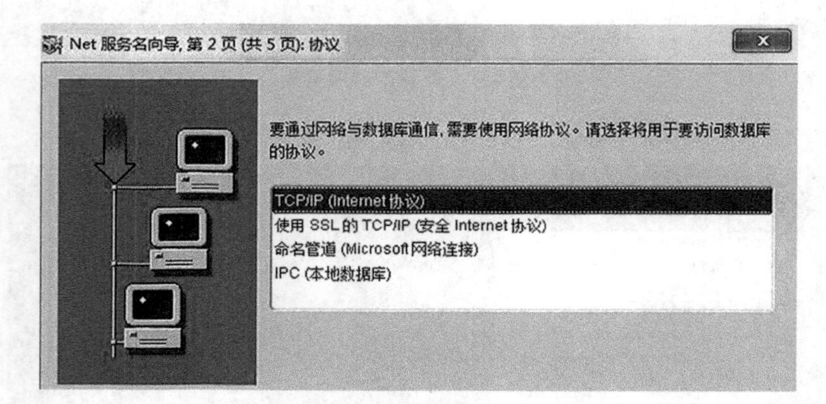

图上机 1-4　选择网络协议

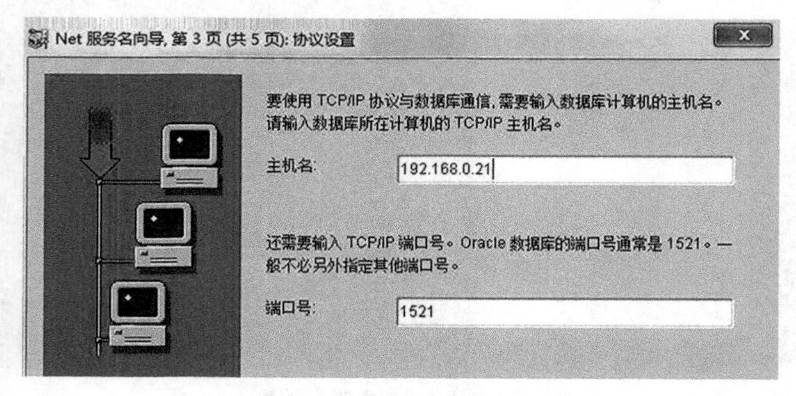

图上机 1-5　协议设置

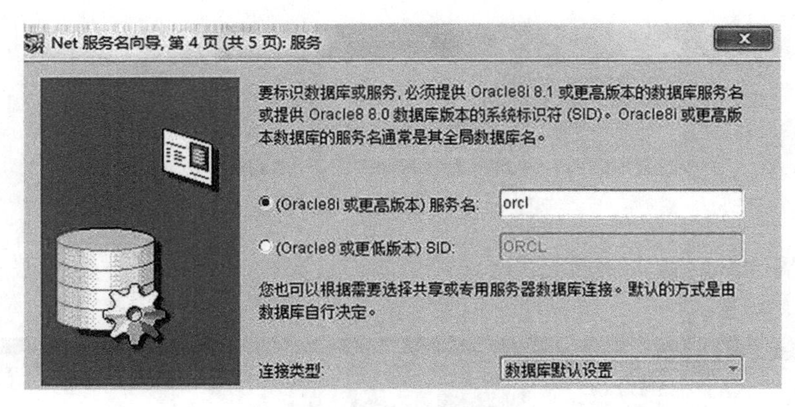

图上机 1-6　设置服务名

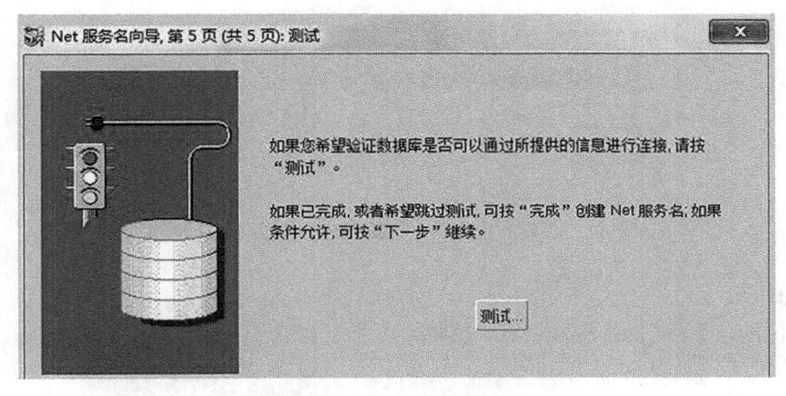

图上机 1-7　测试连接

(4)测试连接成功后,单击"完成"按钮,关闭网络服务名向导,保存配置后,网络服务名配置成功。

指导 2　使用 PL/SQL 连接到 Oracle 服务器,并执行查询操作

完成本任务所用到的知识点:

(1)使用配置好的网络服务名。

(2)启动 Oracle 服务的实例和监听。

问题

在 SQL Plus 中查询 scott. emp 表的数据。

分析

先要启动 Oracle 服务器的服务和监听,然后在客户端运行 SQL Plus 工具,执行对数据库查询的操作。

解决方案

具体分为以下几个步骤。

服务器:

(1)在 Windows 服务中找到 OracleServiceORCL 服务,并启动。如图上机 1-8 所示。

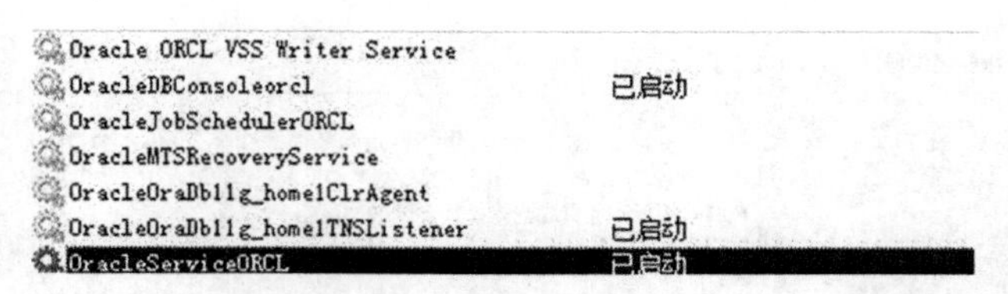

图上机 1-8　启动 Oracle 实例

(2)在 Windows 服务中找到 OracleOraDb10g_homeTNSListern 监听服务,并启动。如图上机 1-9 所示。

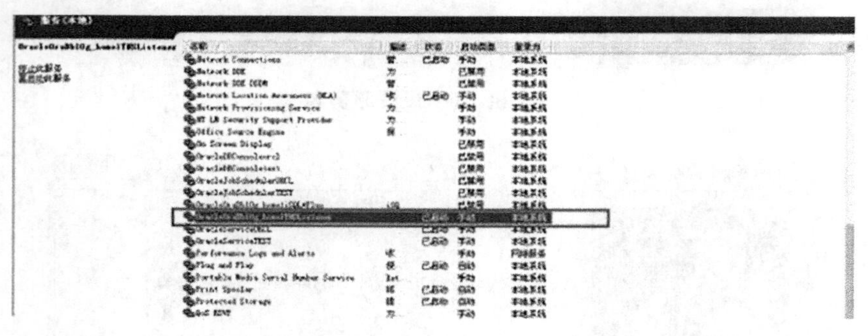

图上机 1-9　启动 Oracle 监听

客户端:

(1)从开始菜单中找到 SQL Plus 选项(见图上机 1-10)。

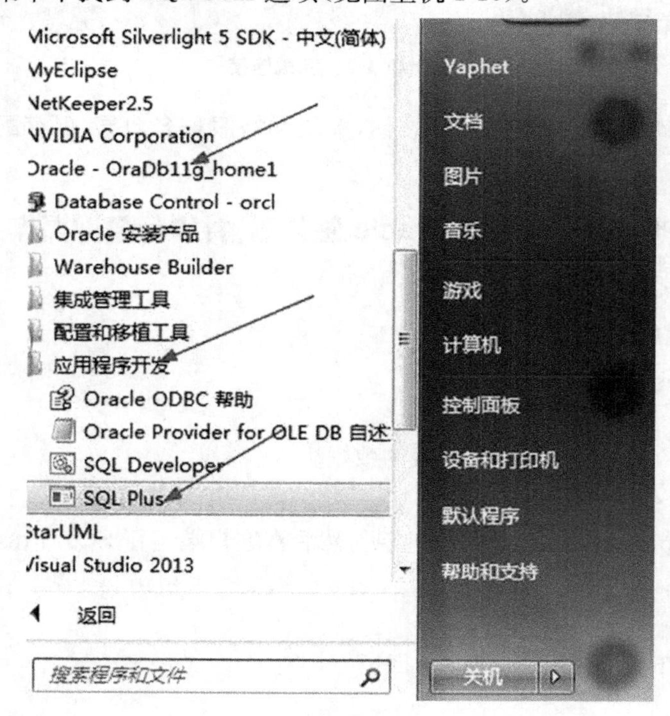

图上机 1-10　打开 SQL Plus 对话框

(2)登录到 Oracle 服务器(见图上机 1-11)。

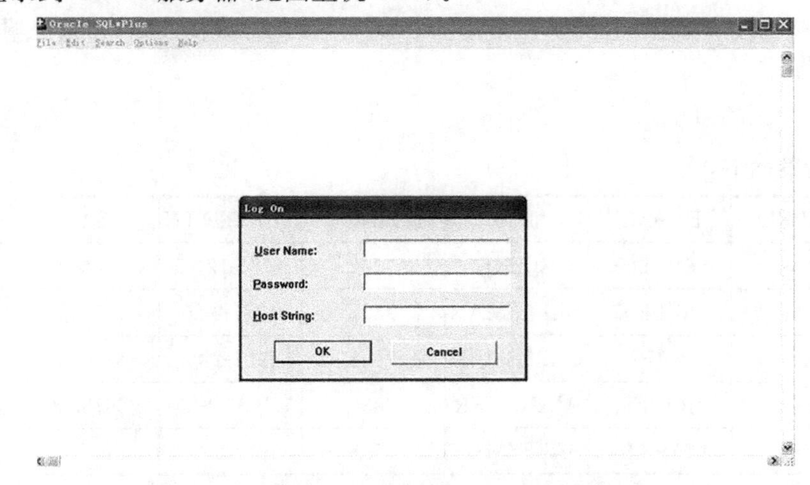

图上机 1-11　登录到 Oracle 服务器

(3)登录成功之后,输入查询语句,测试连接。

```
SQL * Plus:Release 10. 1. 0. 2. 0-prodiction on 星期四 5 月 7 10:15:51 2
Copyright (c) 1982,2004,Oracle.  ALL rights reserved.

Connected to:
Oracle Database 10g Enterprise Edition Release 10. 1. 0. 2. 0-Production
with the Pratitioning,OLAP and Data Mining options

SQL>SELECT * from scott. emp;
EMPNO ENAME              JOB          MGR HIREDATE          SAL
……………………………………      ………………………   ………………………………………………   ……………………………
    DEPTNO
………………………
    7369 SMITH          CLERK         7902 17-12 月-80     950
        20
    7499 ALLEN          SALESMAN      7698 20-2 月 -81     1750
        30
```

第二阶段　练　习

练习　使用 PL/SQL Devloper 连接到 Oracle 服务器

问题

使用 PL/SQL Devloper 连接到 Oracle 服务器,查询并修改 scott. emp 表的员工信息。

提示

配置 net 服务，指定“主机字符串”为 Student，在 PL/SQL Devloper 工具里新建→SQL 窗口。

```
SELECT * form scott. emp
```

执行结果如下：

	EMPNO	ENAME	JOB	MGR	HIREDATE	SAL	COMM
11	7369	SMITH	CLERK	7902	1980-12-17	950.00	100.00
22	7499	ALLEN	SALESMAN	7568	1981-2-20	1750.00	300.00
23	7521	WARD	SALESMAN	7698	1981-2-22	1400.00	500.00
44	7566	JONES	MANAGER	7839	1981-4-2	2975.00	
55	7654	MARTIN	SALESMAN	7698	1981-9-28	1400.00	1400.00

上机 2　Oracle 10g 体系结构及安全管理

上机任务

- 任务 1　创建、修改、删除 Oracle 用户
- 任务 2　授予新用户权限和角色
- 任务 3　授予新用户对 scott. emp 表的查询、添加、修改权限
- 任务 4　创建表，并将新表的添加、查询、修改、删除权限赋予 scott 用户

第一阶段　指　导

指导 1　创建、修改、删除 Oracle 用户

完成本任务所用到的知识点：

(1)使用 CREATE USER 命令创建 Oracle 登录用户。

(2)使用 ALTER USER 命令修改用户信息。

(3)使用 DROP USER 命令删除用户信息。

问题

创建一个名为 Student 的用户账户，指定使用 USERS 表空间，密码为 student123，然后修改用户的表空间为 SYSTEM 表空间，密码为 mysecstudent。

分析

使用 SYSTEM 用户登录到 Oracle 服务器，使用 CREATE USER 命名创建新用户，使用 ALTER USER 命令修改用户信息。

解决方案

(1)使用 SYSTEM 账户登录到 Oracle 服务器，如图上机 2-1 所示。

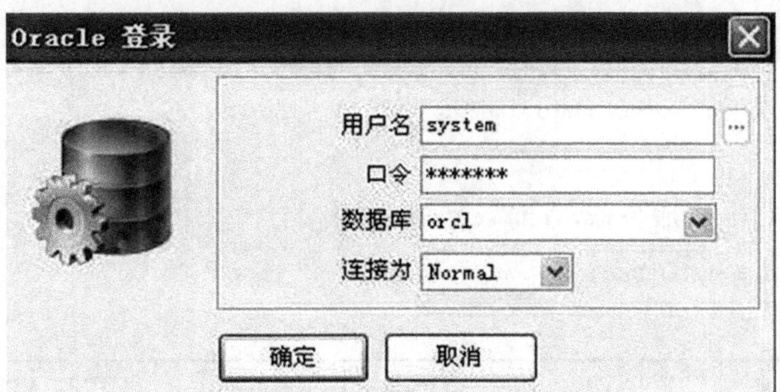

图上机 2-1　登录 Oracle 服务器

(2)文件→新建→SQL 窗口,打开 SQL 窗口。

(3)在 SQL 窗口输入创建新用户的命令,创建 Student 用户。代码如下:

```
create user Student
identified by student123
default tablespace users;
```

(4)修改 Student 用户的表空间为 SYSTEM 和用户密码 mysecstudent,如下:

```
alter user Student
Identtified by mysecstudent
default table space SYSTEM;
```

(5)删除 Student 用户信息,如下:

```
drop user Student CASCADE
```

指导 2 授予新用户权限和角色

完成本任务所用到的主要知识点:

(1)授予用户连接数据库和使用存储空间的角色。

(2)授予用户访问数据库对象的权限。

问题

新创建的用户如何登录到服务器,并查询 scott. emp 表的数据?

分析

用户已经创建,但是没有指定用户的角色,没有赋予用户对数据库对象的操纵权限,用户无法登录服务器,也不能执行对数据库对象的操作。所以,需要赋予用户 CONNECT、RESOURCE 角色,并授予对数据库对象的 SELECT 权限。

解决方案

具体可以分为以下几个步骤:

(1)授予用户 connect、resource 角色,代码如下:

```
GRANT CONNECT to studet;
GRANT RESOURCE to studet;
```

(2)授予用户查询 scott. emp 数据库对象的权限代码如下:

```
GRANT SELECT on scott. emp to student
```

(3)使用 student 用户登录。

(4)登录到 Oracle 服务器,查询 scott. emp 表。

```
SELECT * from scott. emp;
```

查询结果如下:

	EMPNO	ENAME	JOB	MGR	HIREDATE	SAL
11	7369	SMITH	CLERK	7902	1980-12-17	950.00

续

	EMPNO	ENAME	JOB	MGR	HIREDATE	SAL
22	7499	ALLEN	SALESMAN	7568	1981-2-20	1750.00
23	7521	WARD	SALESMAN	7698	1981-2-22	1400.00
44	7566	JONES	MANAGER	7839	1981-4-2	2975.00
55	7654	MARTIN	SALESMAN	7698	1981-9-28	1400.00
66	7698	BLAKE	MANAGER	7839	1981-5-1	2850.00
77	7782	CLRAK	MANAGER	7839	1981-6-9	2600.00
88	7788	SCOTT	ANALYST	7566	1987-4-19	3000.00

第二阶段　练　习

练习 1　授予新用户对 scott. emp 表的查询、添加、修改权限

问题

使用 SYSTEM 登录，授予 Student 用户对 scott. emp 表的查询、添加、修改数据的权限。

练习 2　创建表，并将新表的添加、查询、修改、删除权限授予 scott 用户

问题

(1)Student 用户登录到服务器，并创建表(表结构见表上机 2-1)，将该表的添加、查询、修改、删除权限赋予 scott 用户。

(2)收回 scott 用户的删除权限。

表上机 2-1　员工信息表

表　名	emp_info			
字段名	数据类型	长度	是否允许为空	说明
eno	number	10	not null	员工编号
ename	varchar2	50	not null	员工姓名
esex	varchar2	2	not null	员工性别
esal	number	(12,2)	null	员工工资

上机 3　Oracle 10g 空间管理

上机任务

- 任务 1　创建、修改表空间
- 任务 2　创建员工表和部门表，并建立唯一索引和视图
- 任务 3　创建、使用序列

第一阶段　指　导

指导　创建、修改表空间

完成本任务所用到的知识点：

(1)使用 CREATE TABLESPACE 命令创建表空间。

(2)使用 ALTER TABLESPACE 命令修改表空间。

问题

Oracle 数据库中的最大逻辑对象是表空间，如何创建自己的表空间？将不同用户的数据库对象，存储在不同的表空间里。如何创建表空间和更改表空间的大小？

分析

在创建表空间的时候，需要具有使用系统资源权限的用户。可以使用 SYSTEM 用户登录 Oracle，然后使用 CREATE TABLESPACE 命令创建表空间，使用 ALTER TABLESPACE 命令修改表空间。

解决方案

(1)使用 SYSTEM 账户登录到 Oracle 服务器，如图上机 3-1 所示。

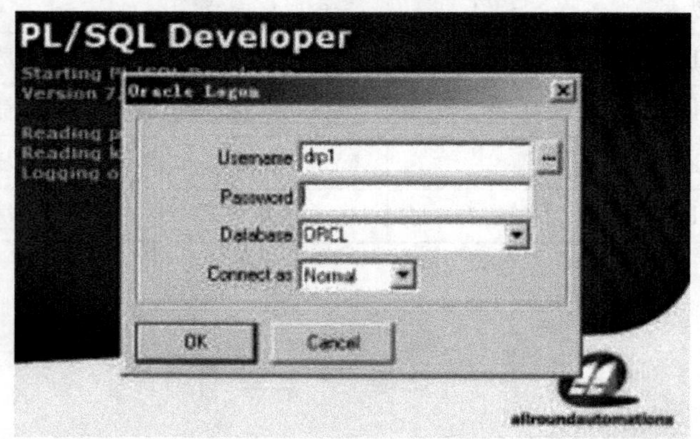

图上机 3-1　登录 Oracle 服务器

（2）文件→新建→SQL 窗口，打开 SQL 窗口。

（3）在 SQL 窗口输入创建表空间的命令，创建 rb_segs 表空间，代码如下：

```
CREATE tablespace rb_segs
Datafile 'D :/datafiles_1. dbf' size 50M;
```

（4）修改 rb_segs 表空间，添加一个 20M 的文件，代码如下：

```
CREATE tablespace rb_segs
add datafile 'D :/datafiles_2. dbf' size 20M;
```

（5）删除 rb_segs 表空间，代码如下：

```
srop tablespace rb_segs including contents;
```

第二阶段　练　习

练习 1　创建员工表和部门表，并建立唯一索引和视图

问题

创建员工信息表和部门信息表（表结构见表上机 3-1、表上机 3-2，创建在“rb_segs”表空间上），在员工信息表 eno 列上创建唯一索引，以加快检索数据的速度；并创建员工表和部门表之间的视图，方便员工查询信息。

表上机 3-1　员工信息表

表　名	emp_info			
字 段 名	数据类型	长 度	是否允许为空	说　　明
eno	number	10	not null	员工编号
ename	varchar2	50	not null	员工姓名
esex	varchar2	2	not null	员工性别
esal	number	(12,2)	null	部门编号外键，对应 dept_info 表的[deptid]字段

表上机 3-2　部门信息表

表　名	emp_info			
字 段 名	数 据 类 型	长 度	是否允许为空	说　　明
deptid	number	10	not null	部门编号
deptname	varchar2	50	not null	部门名称
deptremark	varchar2	200	null	部门备注描述

练习2 创建、使用序列

问题

创建 sq_emp、sq_dept 序列，初始值是 1，每次的增长值为 1；当添加部门信息和添加员工信息时，分别使用序列生成员工编号和部门编号。

上机 4　Oracle 高级查询、事务、过程及函数

上机任务

- 任务 1　利用现有表,创建新表
- 任务 2　创建函数查询员工工资
- 任务 3　创建过程实现员工之间的转账
- 任务 4　创建函数输入部门编号,找出部门工资最高的员工

第一阶段　指　导

指导 1　利用现有表,创建新表

完成本任务所用到的知识点:

使用 CREATE TABLE…AS SELECT 命令创建表。

问题

创建一个名为 dept_emp_salarys 的表,包含 scott. emp 表中的 empno、ename、sal、comm 以及 scott. dept 表中的 dname 列,两个表通过 deptno 关联起来,当 scott. emp 表的 comm 列数据为空时,用 0 代替,创建一张新表。

分析

使用 CREATE TANBLE……AS SELECT 命令创建表。由于数据来自两张表,所以需要使用表连接,在这里可以使用内连接,也可以通过 deptno 外连接两张表。由于需要将空值转换为 0,在这里使用 NVL 转换函数进行转换。

解决方案

(1)编写查询语句,查询制定列数据,使用 NVL 函数转换空值,代码如下:

```
SELECT a. empno, a. ename, a. sal, NVL(a. comm, 0), b. dname
from scott. emp a, scott. dept b
WHERE a. deptno=b. deptno
```

(2)使用 CREATE TABLE 命名创建表,表的结构和数据来自 SELECT 查询,代码如下:

```
CREATE TABLE dept_emp_salarys
AS
SELECT a. empno, a. ename, a. sal, NVL(a. comm, 0)AS COMM, b. dname
from scott. emp a, scott. dept b
```

```
WHERE a. deptno=b. deptno
```

指导 2 创建函数查询员工工资

完成本任务所用到的知识点：

使用 CREATE OR REPLACE FUNCTION…命令创建函数。

问题

创建一个 getemp_sal 的函数，查询 scott. emp 表，根据输入的员工的编号，查询员工的工资和补助。

分析

使用 CREATE OR REPLACE FUNCTION…命令创建函数，查询 scott. emp 表的 sal 和 comm 列计算两列的和，返回计算的结果。

解决方案

(1)创建 getemp_sal 函数，查询员工的工资和补助，代码如下：

```
CREATE or replace function getemp_sal(eno number)
return number
is
v_sal number;
BEGIN
    SELECT sum(sal+nvl(comm, 0))INTO v_sal from scott. emp
    return v_sal;
END;
```

注意：

由于数据库中对空值执行算数运算时，将会返回 null，所以这里使用 NVL 函数转换空值为 0。

(2)调用 getemp_sal 函数，输入员工编号，获取员工工资信息，代码如下：

```
SELECT getemp_sal(7369) from dual;
```

第二阶段 练 习

练习 1 创建过程实现员工之间的转账

问题

创建一个 proc_emp_transfer 过程，实现两员工之间的工资转账。要求输入员工 1 编号、员工 2 编号、转账金额，实现将员工 1 的工资转账到员工 2 的账号上；要求使用事务完成转账的全部过程。

练习 2 创建函数输入部门编号，找出部门工资最高的员工

问题

创建一个 getemp_maxsal 过程，输入部门编号，返回该部门工资最高的员工的姓名和

工资总额。

提示

使用 max 和 NVL 函数。

上机 5　Oracle PL/SQL 编程基础

上机任务

- 任务 1　编写 PL/SQL 打印员工姓名和工资信息
- 任务 2　使用游标打印部门员工的姓名和工资
- 任务 3　编写 PL/SQL 打印图形
- 任务 4　创建函数输入部门编号，找出部门工资最高的员工
- 任务 5　使用 FOR 循环遍历游标

第一阶段　指　导

指导 1　编写 PL/SQL 打印员工姓名和工资信息

完成本任务所用到的知识点：

(1)定义变量。

(2)使用系统包 DBMS_OUTPUT 的系统函数 PUT_LINE 打印。

(3)使用 EXCEPTION 进行异常处理。

问题

定义一个 PL/SQL 块，输入查询员工编号，显示员工的姓名和工资；当员工编号输入错误时，使用异常处理，提示“没有找到该员工信息”。

分析

使用 PL/SQL 块，定义两个变量，变量 1 用于存放员工姓名，变量 2 用于存放员工工资信息。使用 SELECT 语句的 INTO 关键字给两个变量赋值，然后使用系统程序包 DBMS_OUTPUT、PUT_LINE 输出两个变量的值；当用户输入的编号错误时，系统会跑出 no_data_found 的异常，我们使用 EXCEPTION 捕捉这个异常，然后输出提示信息“没有找到该员工信息”。

解决方案

(1)编写 PL/SQL 语句块，查询员工姓名和工资，代码如下：

```
DECLARE
    v_ename varchar2(20);
    v_sal number;
BEGIN
SELECT ename, sal INTO v_ename, v_sal From scott. emp WHERE empno=&no;
```

```
DBMS_OUTPUT.PUT_LINE('员工姓名:' || v_ename);
DBMS_OUTPUT.PUT_LINE('工资:' || v_sal);
EXCEPTION
WHEN no_data_found Then
DBMS_OUTPUT.PUT_LINE('请输入正确的员工号'!);
End;
```

(2)运行 PL/SQL,输入查询员工的编号,如名称 no,值 7369。

(3)运行结果如下所示:

```
员工姓名:SMITH
工资:950
```

指导 2　使用游标打印部门员工的姓名和工资

完成本任务所用到的知识点:

(1)使用游标。

(2)参数游标。

问题

定义一个 PL/SQL 块,使用参数游标输入部门编号,查询该部门的所有员工的姓名和工资。

分析

使用游标可以遍历结果集中的数据,由于部门编号是动态输入的,所以这里使用参数游标,使用 LOOP 循环遍历游标,使用 FETCH 提取游标中的数据。

解决方案

(1)编写 PL/SQL 块,定义参数游标,代码如下:

```
DECLARE
    CURSOR emp_cursor(cno NUMBER)
    IS
    SELECT ename, sal From scott.emp Where deptno=cno;
    v_ename scott.emp.ename%TYPE;
    v_sql scott.emp.sal%TYPE;
BEGIN
    IF NOT emp_cursor%ISOPEN THEN
    OPEN emp_cursor(&depno);
    END IF;

    LOOP
    FETCH emp_cursor INTO v-ename, v_sal;
    EXIT WHEN emp_cursor%NOTFOUND;
    DBME_OUTPUT.PUT_LINE(v_ename || ':' || v_sal);
    END LOOP;
```

```
    CLOSE emp_cursor;
End;
```

(2)运行 PL/SQL，输入查询部门的编号，如名称 depno，值 20。

(3)运行结果如下所示：

```
SMITH:950
JONES:2975
SCOTT:3000
ADAMS:1250
FORD:3000
```

第二阶段　练　习

练习 1　编写 PL/SQL 打印图形

问题

使用 PL/SQL 循环控制结构，打印直角三角形。

练习 2　创建函数输入部门编号，找出部门工资最高的员工

问题

编写 PL/SQL 块，使用游标更新所有员工的工资，要求如下：

如果部门编号为 10，工资增加 10%。

如果部门编号为 20，工资增加 5%，补助(comm 列)200 元。

如果部门编号为 30，仅工资低于 2500 元的员工工资增加 300 元。

提示

LOOP 循环遍历游标，使用 CASE 判断部门编号。

练习 3　使用 FOR 循环遍历游标

问题

使用游标的 FOR 循环，显示工资高于 2000 元的员工信息。

上机 6　Oracle PL/SQL 高级特性

上机任务

- 任务 1　编写语句级触发器
- 任务 2　使用程序包创建函数和过程
- 任务 3　使用游标和内置程序包打印员工表信息
- 任务 4　使用程序包创建打印图像的过程

第一阶段　指　导

指导 1　编写语句级触发器

完成本任务所用到的知识点：

使用 CREATE [OR REPLACE] TRIGGER 命令创建触发器。

问题

创建一个 tr_deleteemp 触发器；不允许用户删除员工信息；当用户删除 scott. emp 表的数据的时候，提示“员工信息只能添加、修改，不能删除”。

分析

在 scott. emp 表上创建一个触发器，当用户执行 DELECT 操作时触发。

解决方案

(1)编写 tr_deleteemp 触发器，在对 scott. emp 表的 DELECT 操作时触发该触发器，代码如下：

```
CREATE or replace trigger tr_deleteemp
BEFORE delete on scott. emp
BEGIN
    raise_application_error(-20001,'员工信息只能添加、修改，不能删除');
END tr_deleteemp;
```

(2)执行 delete 操作，代码如下：

```
DELETE form scott. emp
```

(3)运行结果：

```
ORA-20001: 员工信息只能添加、修改，不能删除
ORA-06512:   at 'SYS. TR_DELETEEMP', line 2
```

```
ORA-04088: error during execution of trigger 'SYS. TR_DELETEEMP'
```

指导 2　使用程序包创建函数和过程

完成本任务所用到的知识点：

(1)使用 CREATE PROCEDURE 命令创建过程。

(2)使用 CREATE FUNCTION 命名创建函数。

(3)使用 CREATE PACKAGE 命名创建包。

(4)使用 CREATE PACKAGE BODY 命令创建包体。

问题

创建一个名为 dept_package 的程序包，该程序包包含两个过程，一个过程用于添加新部门，另一个过程用于删除部门(当部门员工人数不为 0 时，提示“部门员工不为空，不能删除该部门”)。

分析

创建程序包需要先创建包头，然后创建包体。add_dept 过程用于添加部门信息，delect_dept 过程用于删除部门信息。

解决方案

(1)定义包头，代码如下：

```
CREATE or replace package dept_package
IS
procedure add_dept(deptno varchar2, dname varchar2, loc varchar2)
procedure delete_dept(deptno varchar2);
END dept_package;
```

(2)定义包体，代码如下：

```
CREATE or replace package body dept_package
IS
-添加部门的过程
procedure add_dept(deptno varchar2, dname carchar2, dname varchar2, loc varchar2)
IS
BEGIN
    insert into scott. dept values(deptno, dnama, loc);
END add_dept;

-添加部门的过程
proceduce delete_dept(dno varchar2)
IS
DECLARE
    deptempcount number;
BEGIN
-查询部门员工人数
```

```
SELECT count( * ) INTO deptemcount from scott. emp
                WHERE deptno=dno;
IF deptempcount=0 THEN
    DELETE frpm scott. dept where deptno=dno;
ELSE
RAISE_APPLICATION_ERROR(ORA-20003: '部门员工不为空,不能删除该部门')
END IF;
END delete_dept;
END dept_package;
```

第二阶段　练　习

练习 1　使用游标和内置程序包打印员工表信息

问题

使用 FOR 循环游标和内置程序包,打印 scott. emp 表的员工姓名、工资和补助信息。

练习 2　使用程序包创建打印图像的过程

问题

创建一个名为 graphics_package 的程序包,创建三个过程,每一个过程打印出不同的图形,分别打印出直角三角形、等腰三角形、空四边形。

上机7 Oracle 备份与恢复

上机任务

- 任务1 根据控制文件和日志文件恢复数据库
- 任务2 数据库迁移过程中使用热备份进行分时恢复
- 任务3 恢复未备份的数据文件
- 任务4 根据备份了的控制文件恢复数据文件

第一阶段 指 导

指导1 根据控制文件和日志文件恢复数据库

完成本任务所用到的知识点：
用户管理的完全恢复。

问题

如何根据控制文件和日志文件恢复数据库？

解决方案

(1)安全关闭当前数据库(确保当前数据库处于归档)。
(2)复制所有的数据文件、日志文件和控制文件到同一个目录下。
(3)打开数据库,创建新用户 testuser。

```
SQL>CREATE USER testuser
    IDENTIFIED BY 123456;
```

(4)给 testuser 用户授予 dba 权限。

```
SQL>GRANT DBA TO testuser;
```

(5)使用 testuser 用户登录数据库。

```
SQL>CONNECT user1/123456;
```

(6)在 testuser 下建表 testTable,向 testTable 中插入 1000 条数据。

```
SQL>BEGIN
    FOR i In 1…1000 LOOP
        INSERT INTO t1 VALUES(i);
    END LOOP;
        COMMIT;
```

```
END;
```

（7）切换几次日志，使所有日志都归档。

```
SQL>ALTER SYSTEM SWITCH LOG FILE;
```

（8）正常关闭数据库。

```
SQL>SHUTDOWN IMMEDIATE;
```

（9）把当前数据库所有文件移动到一个临时文件夹里，模拟数据库损坏。

（10）复制最初的数据库的所有文件，但控制文件和日志文件要使用目前数据库的。

（11）启动数据库后会提示 SYSTEM 表空间需要恢复，给出恢复使用的归档日志文件。确定归档日志位置正确后，输入 AUTO，Oralce 将一个一个地应用归档文档，直至提示完全恢复成功。

```
SQL>STARUP MOUNT;
SQL>AUTO
```

指导 2　数据库迁移过程中使用热备份进行分时恢复

完成本任务所用到的知识点：

热备份与完全恢复。

问题

在工作环境中，我们可以通过热备份，应用归档恢复数据库到一致的状态，这时数据库可以以只读(READ ONLY)的方式打开。然后我们可以继续应用归档来进行恢复，最后只需要短时间的停机，复制原数据库中的在线日志及归档日志、控制文件到新库中进行恢复。

解决方案

（1）首先，启动数据库，查询归档情况。

```
SQL>SELECT name FROM v$archived_log;
```

运行结果：

```
NAME
………………………………………………………………………………………………
E:OracleORADATAEYGLEREDO01.LOG
E:OracleORADATAEYGLEREDO02.LOG
E:OracleORADATAEYGLEREDO03.LOG
E:OracleORADATAEYGLEARCHIVEARC00001.001
E:OracleORADATAEYGLEARCHIVEARC00002.001
E:OracleORADATAEYGLEARCHIVEARC00003.001
E:OracleORADATAEYGLEARCHIVEARC00004.001
E:OracleORADATAEYGLEARCHIVEARC00005.001
E:OracleORADATAEYGLEARCHIVEARC00006.001
E:OracleORADATAEYGLEARCHIVEARC00001.001
```

```
E:OracleORADATAEYGLEARCHIVEARC00002.001
    NAME
……………………………………………………………………………………………
E:OracleORADATAEYGLEARCHIVEARC00003.001
E:OracleORADATAEYGLEARCHIVEARC00004.001
E:OracleORADATAEYGLEARCHIVEARC00005.001
E:OracleORADATAEYGLEARCHIVEARC00006.001
```

(2)归档当前日志。

```
SQL>ALTER SYSTEM SWITCH LOGFILE;
```

(3)备份数据库。

```
SQL>ALTER TABLESPACE SYSTEM BEGIN BACKUP;
HOST COPY E:OracleORDATAEYGLESYSTEM01.DBF
E:ORACLEORABAKSYSTEM01.DBF

SQL>ALTER TABLESPACE undotbs1 END BACKUP;

SQL>ALTER TABLESPACE eygle BEGIN BACKUP;
HOST COPY E:ORACLEORADATAYGLEEYGLE01.DBF
E:ORACLEORABAKEYGLE01.DBF

SQL>ALTER TABLESPACE eygle END BACKUP;
```

(4)更改数据并归档部分日志。

```
SQL>INSERT INTO eygle.test SELECT * FROM eygle.test;
SQL>COMMIT;
SQL>ALTER SYSTEM SWITCH LOGFILE;
SQL>INSERT INTO eygle.test SELECT * FROM eygle.test;
SQL>COMMIT;
SQL>ALTER SYSTEM SWITCH LOGFILE;
SQL>INSERT INTO eygle.test SELECT * FROM eygle.test;
SQL>COMMIT;
```

(5)关闭数据库。

```
SQL>SHUTDOWN IMMEDIATE;
```

(6)执行恢复,恢复备份的数据库文件,然后启动数据库。

```
SQL>ALTER DATABASE OPEN READ ONLY;
```

(7)更改数据库模式。

```
SQL>RECOVER DATABASE USING BACKUP CONTROLFILE UNTIL CANCEL;
```

(8)恢复数据库。

SQL>RECOVWE DATABASE USING BACKUP CONTROLFILE UNTIL CANCEL;

(9)运行结果。

```
ORA-00279:更改 197423(在 11/13/2004 23:32:51 生成)对于线程 1 是必需的
ORA-00289:建议:E:OracleORACLEDATAEYGLEARCHIVEARC00010.001
ORA-00280:更改 197423 对于线程 1 是按序列#10 进行的
指定日志:{=suggested | filename | AUTO | CANCEL}
E:OracleoradataeygleREDO01.LOG
ORA-00310:存档日志包含序列 9:要求序列 10
ORA-00334:归档日志:'E:OracleORACLEDATEYGLEREDO01.LOG'.
SQL>recover database using backup controlfile until cancel;
ORA-00279: 更改 197423(在 11/13/2004 23:32:51 生成)对于线程 1 是必需的
ORA-00289:建议;E:OracleORACLEDATAEYGLEARCHIVEARC00010.001
ORA-00280:更改 197423 对于线程 1 是按序列#10 进行的
    指定日志:{=suggested | filename | AUTO | CANCEL}
E:OracleoradataeygleREDO02.LOG
已应用的日志.
完成介质恢复.
```

(10)打开数据库。

SQL>ALTER DATABASE OPEN;

(11)执行如下命令,完成数据库的备份与恢复。

SQL>ALTER DATABASE OPEN RESETLOGS;

第二阶段　练　习

练习 1　恢复未备份的数据文件

问题

如果 USERS 表空间没有备份,恢复其数据文件。

练习 2　根据备份了的控制文件恢复数据文件

问题

USERS 表空间没有备份,仅备份了控制文件,如何恢复数据文件?

上机8 Oracle优化技术

上机任务

- 任务1 SQL语句优化
- 任务2 使用索引优化查询
- 任务3 使用数据簇优化查询

第一阶段 指 导

指导1 SQL语句优化

完成本任务所用到的知识点：

使用内链接优化查询。

问题

使用scott.emp和scptt.dept表，查询部门“RESEARCH”“SALES”的员工信息。

分析

查询指定部门员工信息，需要先找到部门的编号，然后根据员工表的部门编号与部门表关联，查询员工信息。一般情况我们会使用IN查询，这里我们使用内连接替换IN查询。

解决方案

(1)使用IN查询。

(2)IN查询运行结果。

(3)使用内连接替换IN查询。

(4)内链接查询运行结果。

指导2 使用索引优化查询

完成本任务所用到的知识点：

使用CREATE INDEX创建索引。

问题

用户表useloginlog记录了所有的Oracle用户登录情况，表中共有500万条数据。如何优化查询？

分析

在userloginlog表上创建索引，按索引检索数据。

解决方案

(1)打开 Oracle 的分析器。

```
SQL>SET TIMING ON;
SQL>SET AUTOTRACE TRACEONLY;
```

(2)编写查询语句。

```
SQL>SELECT COUNT( * ), TO_CHAR(time, 'hh24')FROM userloginlog
    WHERE TRUNC(time)=TRUNC(SYSDATE)-1
    GROUP BY TO_CHAR(time, 'hh24')
    DRDER BY TO_CHAR(time, 'hh24')
```

(3)运行结果分析。

```
Elapsed:00:00:06.70

Execution Plan
………………………………………………………………………………………
0          SELECT STATEMENT Optimizer=ALL_ROWS   (Cost=6179 Card=37215 Bytes=
297720)

1    0     SORT(GROUP BY)(Cost=6179 Card=37215 Byte=297720)
2    1           TABLE ACCESS(FULL)OF 'USERLOGINLOG'(TABLE) (Cose=6039 Card=
37257 Bytes=298056)

statistics
………………………………………………………………………………………
          1  recursive   calls
          0  db block   gets
      25154  consistent gets
      24470  physical reads
          0   redo size
        763  bytes sent via SQL * Net to client
          514  bytes received via SQL * Net from client
          3  SQL  * Net roundtrips to/form client
          1  sorts(memory)
          0  sorts(disk)
        24  rows processed
```

(4)在 userloginlog 表上创建索引 idx_time。

```
SQL>CREATE INDEX idx_time
    ON userloginlog (TO_CHAR(time, 'hh24'))
    TABLESPACE INDEXES;
```

(5)在 userloginlog 表上创建索引 idx_time2。

```
SQL>CREATE INDEX idx_time2
    ON userloginlog (TRUNC(time))
    TABLESPACE INDEXES;
```

(6)执行相同的查询。

```
SQL>SELECT COUNT( * ), TO_CHAR(time, 'hh24') FROM userloginlog
    WHERE TRUNC(time) = TRUNC(SYSDATE) - 1
    GROUP BY TO_CHAR(time, 'hh24')
    GROUP BY TO_CHAR(time, 'hh24');
```

(7)运行结果分析。

```
Elapsed:00:00:00.34

Execution Plan
……………………………………………………………………………………
    0        SELECT STATEMENT Optimizer=ALL_ROWS(Cost=323 Card=37215 Bytes=
297720)
    1    0    SROT(GROUP BY)(Cost=323   Card=37215 Bytes=297720)
    2    1         TABLE ACCESS (BY INDEX ROWID) OF 'USERLOGINLOG'(TABLE)
(Cost=183 Card=37257 bytes=298056)
    3    2    INDEX(RANGE SCAN) OF 'IDX_TIME2'(INDEX) (Cost=64 Card=16143)

    statistics
……………………………………………………………………………………
    197 recursive calls
    0   db block gets
    341   consistent gets
    1   physical reads
    0   redo size
    763   bytes sent via SQL * Net to client
    514   bytes received via SQL * Net from client
    3   SQL * Net roundtrips to/from client
    6   sorts(memory)
    0   sorts(disk)
    24 rows processed
```

根据结果分析,查询使用索引扫描,执行需 0.34 秒,比不使用索引快了 20 倍。

第二阶段　练　习

练习　使用数据簇优化查询

问题

某门户网站每日的访问量在 50 万左右,系统需要记录下来每次用户的访问信息,表结构如表上机 8-1。如何优化该表，提升查询速度？

表上机 8-1　用户访问信息表

表　名	userlinkinfo			
字 段 名	数 据 类 型	长 度	是否允许为空	说　明
uno	number	10	not null	编号
uip	varchar2	50	not null	客户 ip 地址
udate	varchar2	50	not null	访问时间
uaddress	varchar2	150	null	客户来源

参考文献

[1] 孙风栋.Oracle 10g 数据库基础教程[M].3 版.北京:电子工业出版社,2017.
[2] 孟德欣.Oracle 10g 数据库技术[M].北京:清华大学出版社,2010.
[3] 杨忠民,蒋新民,晁阳.Oracle 10g SQL 和 PL/SQL 编程指南[M].北京:清华大学出版社,2008.